種子的奇蹟

EST跨域合作 環境教育的解方

EST編輯團隊

目錄

推薦序

編者序 • 一粒小種子，如何造就一片森林？　17

第一章 • 從搖籃到搖籃，永續發展正時興

第二章 • 新世代環境教育——因應在地，跨域永續

第三章 • 打造環境永續為主軸的綠博物館

第四章 ● 邁向淨零和永續 慈濟的創新解方

第五章 • EST 是一棵大樹，也是一顆種子

第六章 • EST 攜手共進，共創三贏

附錄

打破界限，連結知識：
共建跨域環境教育平臺

文／潘文忠（教育部部長）

　　近年，追求環境永續成為世界各國共同面對的重要課題，科技發展日新月異、瞬息萬變，帶來便利的生活與不同的挑戰，同時也擴展了我們對於自然與環境的理解。2020 年臺灣遭逢百年大旱，面對日益嚴峻的環境挑戰，也讓我們更加重視環境教育的深化與落實，作為教育部長，我深知教育的力量和影響，也深信提升公民環境素養將會是國家永續發展的關鍵基石。

　　教育部深耕學校環境教育逾 30 年，蔡總統更在 2021 年地球日宣示「2050 淨零排放是全世界的目標，也是臺灣的目標。」除了政府挹注資源，戮力推動環境永續、淨零排放，我們也樂見各界加入行列共同努力，國立科學工藝博物館、高雄市政府教育局與慈濟基金會三方合作，於 2022 年簽訂「環境教育合作

意向書」，協力推廣高雄地區環境教育，並將成果歸納整理、著作專書，不但能激發國人對於環境保育的使命感，更代表我們對未來世代的一份承諾和守護。

其中慈濟基金會長年致力環境教育和環保行動，從社區的資源回收、循環經濟到面對 2050 淨零排放挑戰，基金會的努力和投入不僅國人有目共睹，更在國際上獲得廣泛的讚譽。慈濟將慈悲心懷和環保理念巧妙結合，形塑一種獨特的人文理念，也樹立了一個具有深遠影響的環保典範，激勵更多組織參與環保事業，並在全球推動了環保價值觀的傳播與實踐。

教育局是地方教育的重要推手，在環境教育的推行上扮演著舉足輕重的角色，高雄市教育局成立的環境教育輔導小組，以提升市民環境教育素質及行動力為目標，並深入中小學校園推動環境教育議題，透過校際間的創發與合作，開發與創造不同區域的特色環教課程，落實環境教育實作，並培養學子們的環保意識與對自然環境的覺察能力。這些充滿在地性的生動案例，都為本書的讀者們提供更為立體的環境教育教學推行與實施方向。

國立科學工藝博物館隸屬於教育部，是國內最大的應用科技博物館，一直以來肩負充實民眾科技知識、激發科技興趣、提升社會科技素養的重責大任，同時也被視為國人終身學習的重要場所。科工館經由展覽與教育活動，並以寓教於樂的方式，深入淺出引導民眾瞭解當代環境議題，讓大家能深入理解永續發展、淨零排放的重要性及實踐。我們相信科工館的參與能為本專書注入更多的實際案例與專業知識，為各年齡層的民眾提供深化學識的機會。

　　這次三方合作是一個良好的典範與開始，我們也期許未來能有更多跨域合作機會，藉由跨學科的學習與實踐，讓環境教育的學習不僅限於博物館內的探索，更能走出館外與當地環境接軌，透過這樣的共同努力，將科工館打造成促進環境教育、提升社會科技素養的重要平台，也替臺灣環境教育開拓更寬廣的學習道路，為臺灣的永續發展盡上一份心力，共同成就這個國家與下一個世代。

是思維改變，不是氣候，給你我再次翻轉思維的機會

文／薛富盛（環境部部長）

　　在 2017 年擔任中興大學校長時，促成學校與臺中慈濟醫院跨域合作，透過雙方專長聚焦生醫領域，造福人群。對於慈濟證嚴法師帶領慈濟人在全球各地救援苦難，成為臺灣的驕傲，非常感佩。近年全球氣溫屢創新高、旱澇、野火頻傳，是非常嚴肅的問題。同時，地球資源有限，資源循環再利用也是迫在眉睫的事情。聯合國科教文組織指出，教育對促進氣候行動極為重要，它幫助人們了解並應對氣候危機，賦予採取行動者所需的知識、技能、價值觀及態度。

　　臺灣於 2011 年 6 月 5 日正式施行「環境教育法」，為世界上少數立法推動環境教育的國家。藉由法制化，健全環境教育執行體系、充實經費、辦理專業認證等方式帶動全民參與，強

化環境教育的深度及廣度。同時邁向專業化、多元化、普及化及創新化，是我國環境教育發展的重要里程碑。環境部作為臺灣推動環境保護及環境教育的主管機關，將持續呼應聯合國永續發展目標，積極引領及打造淨零綠生活的環境，並透過環境教育厚植全民環境行動力，改變、創造更美好的家園。

全民參與及終身學習為環境教育的重要精神，環境部推展環境教育4小時，每年已有逾7千家機關、公營事業機構、學校及政府捐助基金，累計超過50%之財團法人、超過330萬人達成，且人均學習時數提升至8小時，從無律、他律到自律。自2011年起推動環境教育認證，逐漸在臺灣各地點燃守護環境永續發展的火苗，至今已超過1.1萬名人員、250餘處設施場所及25家機構通過環境教育認證，對於環境的堅持及付出，已成為臺灣推動環境教育最強而有力的後盾。

環境部亦自1991年起推動環保志（義）工制度，已邁入第34個年頭，與慈濟發展環保、社區志工長期致力於推動環保理念相同，這群無名英雄盡心推動環境保護工作，並將環境教育理念帶入社區、家庭及學校，都是促成生活轉型很重要的一環。本書記錄以慈濟高雄靜思堂、國立科學工藝博物館2處通過認

證環境教育設施場所與教育單位力行「教育專業、科技應用、社會推廣」跨域合作，致力於環境教育社會人才培育，並結合慈濟環保志工共同為環境教育扎根及環境永續推廣貢獻心力，發揮更大更深遠的影響力，值得作為各界學習的標竿及典範。

因應氣候變遷需要深耕環境教育，需要國人不分彼此的關心、參與及監督。在此呼籲我們的讀者，一起重視氣候行動並肩守護環境，讓臺灣環境保護前瞻永續發展，實現慈濟證嚴法師「人心淨化、社會祥和、天下無災難」三願。

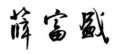

環境永續 邁向淨零

文／陳其邁（高雄市市長）

　　因應全球氣候變遷以及淨零排放、永續發展趨勢，環境教育與永續發展教育是當今世界面臨氣候變遷與環境危機的重要對策，也是培養公民素養與社會責任的必要途徑。為了推動環境永續發展，高雄市政府教育局（E）、國立科學工藝博物館（S）與慈濟基金會（T）於 2022 年 4 月 22 日世界地球日簽署三方合作備忘錄，共同推動環境教育志工 EST 計畫，以跨域合作的方式，培育環境教育志工，讓他們成為環境保護的生力軍，為社區、城市與全球的環境盡一份心力。

　　EST 環境教育志工計畫是一個創新的跨域合作方案，它透過環境教育課程、實地體驗、志工培訓等活動，讓參與者從了解環境議題，學習如何減少自身對環境的影響，到能夠發揮表達力、文案力、敘事力、創造力、數位力與行動力，進而激發

參與者的熱情與環保意識。參與者不僅可以運用科工館與慈濟高雄靜思堂的展示環境，進行環境教育的導覽服務，更結合市府教育局和環境教育輔導小組長年來在校園深耕的成果，將有效的方案納入課程，更貼近社區和生活實際行動，發揮更大的作用。

欣見此書匯集三方多年來的努力和創新，更將 EST 計畫的成果彙整，收錄了參與者的心得分享、環境教育課程內容、實地參訪、志工培訓手冊、環境教育執行方案等豐富的資料。本書不僅是一本環境教育的寶典，也是一本環境保護的啟示錄，值得所有關心環境的人閱讀與參考。

高雄是臺灣製造業重鎮，碳排佔全國五分之一，為了邁向淨零目標，高雄市政府除了成立「產業淨零大聯盟」，完成「高雄淨零城市發展自治條例」之外，更為了提供淨零工作最完善的基礎，同時落實公正轉型，於全國率先成立「淨零學院」，與南方縣市、產業界、查驗機構、大專院校進行跨域合作培育淨零人才。希望縣市、民眾一同加入，推動能源、生活、社會

轉型。此與 EST 計畫環境教育志工人才培育的目標完全相同。

　　在此，我要感謝高雄市政府教育局和環教輔導小組校長團隊、科工館與慈濟基金會的合作夥伴，以及所有參與 EST 計畫的志工們，你們的努力與貢獻，讓高雄市的環境教育與永續發展教育邁向新的里程碑。我衷心期盼，透過此計畫拋磚引玉，邀約號召更多人士一起攜手同心，貢獻自己的力量，為高雄市、為臺灣、為世界，創造更美好的淨零永續未來。

淨零未來 從心出發

文／黃華德、李鼎銘（大愛感恩科技董事長、總經理）

「全球 2050 淨零排放」承諾，是一場跨世代、跨領域、跨國際的大型轉型工程，深感肩上所挑的擔子愈來愈重大。大愛感恩科技自 2008 年創立以來，無時無刻不戰戰兢兢面對挑戰，始終以實踐證嚴上人「清淨在源頭、減碳零廢、永續未來」為目標，深信「垃圾是放錯地方的資源，其實是城市的礦產」，大愛感恩科技將來自海洋、陸地上回收來的廢棄物轉換成可再利用的資源，化廢為寶進行跨領域的開發，讓回收延物續物命，重新賦予它們新的價值。

（E）高雄市教育局、（S）國立科學工藝博物館和（T）慈濟基金會三方合作，為擴大環境教育影響力，跨界、跨域合作，結合三方共構、達成永續發展的未來願景，共同辦理「高雄市環境教育志工培訓計畫」，藉以提升高雄市校園愛心媽媽和社

區志工環境教育素養和行動，並配合教育部「新世代環境教育發展」學習策略。

大愛感恩科技「循環經濟」的精神，將所開發的教案及課程融入 EST 培育計畫內，透過經濟、社會及環保三大面向，分別落實推動慈善產業、環保人文教育及環保製程技術掌握，將環保回收系統具體呈現，以提升環境社會倫理與責任，達到企業社會責任及永續發展。

一路走來，大愛感恩不僅節能減碳，更直接為緩和全球氣候變遷作出貢獻；環保毛毯隨著慈濟志工的腳步，親自發給有需要的人，溫暖寒夜冰冷的角落，至今愛已送到 46 個國家，溫暖超過 133 萬人的身、心、靈。同時大愛感恩環境永續發展原則與目標以結合綠色回收供應鏈，研發更多回收再製品，落實綠色採購方針、產官學研綠色發展合作計畫、關注國際環保議題，並推廣環保理念至各行各業，改變心念，從生活落實對地球的愛護，不只是做環保、說環保，更是環境教育讓人人從改變心念進而付諸行動。

從 CSR、ESG、SDGs 在地化到全球化，期盼未來持續與 EST 團隊共同合作推動環境教育、堅持環保人文科技的初衷，持續朝永續發展 2050 淨零未來邁進。

一粒小種子，如何造就一片森林？

2015 年，聯合國宣布「2030 永續發展目標」（Sustainable Development Goals, SDGs），而永續目標能否落實，最關鍵者便是 SDG17。

SDGs 目標 17 - 建立多元夥伴關係，協力促進永續願景。

面對社會與環境問題，需要眾人團結的力量。團結，加快邁向永續的腳步，透過連結、分享資源、促成合作、共創影響力，落實了 SDGs 目標 17 的行動。

一切源於 2020 年 12 月 10 日，慈濟基金會連結了 PaGamO，發展出「慈濟環保防災勇士養成計畫」，高雄的彭子芳老師因為愛地球入校推廣，與陽明國小熱情洋溢的呂淑屏校長相遇，串聯起高雄 EST 環境教育跨域合作的誕生。

自 2022 年起由高雄市教育局、國立科學工藝博物館與慈濟基金會，三方共同辦理 EST「環境教育志工」培訓系列課程，

協力促進永續願景，為深植環境教育培力盡心力，為永續發展教育擴大國際影響力！

隨著兩期兩階段課程完成，不僅僅培育學校環境教育人才、發展貼近在地的創意課程，更全力支持第一線的環境教育工作者，以不同面向出發，帶領孩子以不同視角展開體驗，陪伴更多孩子在多元環境中學習成長。

EST 結合了教育局的「學校教育」、國立科學工藝博物館的「科技教育」和慈濟基金會的「社區教育」，在校園、在社區、在社會各角落中，持續落實氣候行動，用行為改變生活模式，在日常落實 SDGs 永續發展目標。

EST 從地方合作與社會永續的角度出發，進而接軌國際，期盼透過 EST 三方共構、跨域合作，建立多元夥伴關係合作的起點，能為各縣市公私部門合作推動環境教育作典範，共同提升環境教育志工素養，讓環境教育行動者廣蔚成林。

在本書中，可從志工的行動實踐，窺見 EST 課程不是口號式的學習，而是因為真心感動，所產生對 NEED 新世代環境教育的共鳴，我們只是幫大家串連起一塊福地，鏈結出一個齊心愛地球的力量，找到推動環境教育共構的創意與解方。

其實在不同角落裡，有很多人都願意加入推動淨零綠生活的行列，借力使力，力量加乘！如果有更多如「EST」跨域合作的夥伴產生，結合更多的個人和團體能量，這個跨域合作的字母會拉得更長，那也是我們期盼的創發更多的地方解方。

讓我們循著 EST 永續發展教育跨域找解方的模式，看一粒小小的種子，如何造就一片森林，隨著種子帶來奇蹟，讓我們一起航向 2050 淨零永續。

第一章

從搖籃到搖籃，
永續發展正時興

01 從環境教育到永續發展教育：
擴充頻寬邁向永續

葉欣誠（國立臺灣師範大學永續管理與環境教育研究所教授、
慈濟基金會永續發展顧問）

環境教育在我國已推動數十年，經歷過不同的發展階段，且與國際發展脈絡之間也產生密切的互動。1987 年是一關鍵年，當年聯合國發行「我們共同的未來」報告書，揭櫫了永續發展的定義、內涵與推動規劃；同年，我國行政院環境保護署正式成立，環境保護成為國家重點政策。

環境教育：解決環境問題的正本清源之道

第二次世界大戰之後，迅速的工商發展衍生嚴重的環境污染與資源耗竭，使歐美國家與聯合國從 1970 年代開始廣泛地討論永續發展的議題，在 1980 年代將其具體化，成為人類發展的共同方向。事實上，人們對於環境問題的觀察與反省從 19 世紀末就開始，且在 1930 年代開始在歐洲與美國受到高度的重視。同時，愈來愈多的學者專家與政策規劃及執行者發現，經濟發

展與社會變遷讓環境品質惡化，但僅依靠科技手段無法扭轉趨勢，唯有透過教育讓人們改變想法，進而調整作為，才能讓經濟、社會、環境逐步達到均衡的境界。

於是在 1948 年 IUCN 的巴黎會議中，「環境教育」首次出現在文件中，並歷經約三十年的討論與發展後，由 1977 年的伯利西宣言中定調。在該宣言中，環境教育的目標即為「解決現在與未來的環境問題」，且說明了環境教育是一種教育過程，讓人們認識身處的由生物、物理與社會文化組成的環境，建立知識、技能與價值觀（楊冠政，1997；葉欣誠，2017）。

我國則在前述 1987 年環保署成立之後，開始有系統地推動環境教育。教育部在這過程中扮演非常重要的角色，透過中央政府與地方政府的環境教育體系推動環境教育。除了政府，民間團體的環境倡議也扮演重要角色，譬如 1990 年開始，慈濟開始倡議環保教育，響應環保署號召大眾力行資源回收，對臺灣社會產生了深遠的影響。

環境教育法：國家推動環境教育的里程碑

2011 年，在經歷十餘年的努力之後，「環境教育法」終於

在立法院三讀通過，成為我國推動環境教育的里程碑。環境教育法規範了政府單位與中小學的配合措施，也載明經費、行政管理、人員與設施場所等認證的基本原則，讓過去許多各界討論的想法得以落實。在環境教育法實施後，環保署與教育部更有依據與資源推動環境教育。環保署每年提供十億元左右的經費作為環境教育基金，也由綜合計畫處與環境訓練所二個單位強化執行；教育部則透過環保小組與資科司，接力推動學校環境教育，且在九年一貫與十二年國民教育課綱中規範推動內容與模式。

環境教育法實施至今，已超過十年，經由人才培育、設施場所與機構的設置、各項政策與活動的推動，現在環境教育對於政府單位、學校與企業而言，一點都不陌生，具有規劃與推動環境教育能力者的人數，也大幅擴增。

當然，法律實施的過程中，也不免產生一些因政府政策推動的慣性衍生的問題，譬如公務人員每年四小時環境教育實施過程不見得落實、環境教育人員的誘因降低、環境教育未產業化等。然而，環境教育法提供環境教育推動的法源依據，讓環境教育普及化，對臺灣社會的整體影響已經可以看得到。環境保護與永續發展已經成為社會的普遍共識，也融入在各種政府

政策與企業永續的實務中。

永續發展教育：寬頻的環境教育

1992 年聯合國在巴西里約舉行第一屆地球高峰會，為即將邁入 21 世紀的人類社會作好長遠的規劃，通過了「21 世紀議程」（Agenda 21）。其中，與教育關係最為密切者為第 36 章：「促進教育、提高公眾意識與強化培訓」，強調教育乃推動永續發展的關鍵（United Nations, 1992）。聯合國倡議的是「永續發展教育」（education for sustainable development, ESD），強調「改善優質基礎教育的途徑」、「重新設定現存教育的方向」、「發展公眾對永續的了解與覺知」、「提供培訓」為 ESD 的四大支柱（Sector, 2005）。在這四者中，「重新設定現存教育的方向」（reorienting existing education programmes）最為關鍵，其義為反思過去數百以來人類推動教育，促進了科技與文明的快速發展，但卻導致人類的永續發展面臨重大威脅，因此需要重新思索與定位整體的教育策略與目標。

聯合國在 2002 年於南非約翰尼斯堡舉行了 Rio+10 會議，回顧 1992-2002 年全球推動永續發展的進度，也檢討執行的方向。該會議通過 UNESCO 的提案，將於 2005 至 2014 年執行

聯合國永續發展教育十年（Decade of Education for Sustainable Development, UNDESD）（Wals, 2012），目標為建構世界公民面對現在與未來挑戰的能力，包括系統思考、批判思考、溝通與衝突管理、合作解決問題等；在價值觀上，需尊重生命與人類文化的多樣性，還有對和平的堅持（葉欣誠，2017）。

聯合國推動 DESD 時，就強調是「為了」永續發展的教育，而非「關於」永續發展的教育。也就是說，ESD 並非告訴人們何謂永續發展或相關的內容，把永續發展當教學主題，而是透過各種具有教育意義的活動，促進永續發展。ESD 開始推動時，即強調不限於環境議題，而將視角拓展至經濟、社會、環境、文化、政策等不同領域的綜合議題，且特別強調文化多樣性（cultural diversity）。當時強調的消除貧窮、健康促進、永續消費等重點，也可在 2015 年 9 月公諸於世的聯合國永續發展目標（SDGs）中發現。

ESD 與環境教育（EE）的目標均為促進永續發展，但取徑與視角略有不同。國際上 ESD 與 EE 之間競合的相關討論持續了超過二十年，有興趣的讀者可以參考相關論文（葉欣誠，2017）。基本上，相較於 EE，ESD 不僅是領域的擴展，也是思維模式的調整。在各界於 2016 年之後透過 SDGs 的框架與視角

重新認識永續發展之後，更能夠理解要解決任何一類問題，都得回應真實世界的複雜性（United Nations, 2015），而在真實世界中，經濟、社會、環境等問題同時出現，且相互糾纏，需要以整合與全面的系統思維處理，不受限於自己的既定框架或刻板印象，方能更了解不同利害關係人的想法，進而合作解決問題，朝向永續發展邁進。

全方位培養具有永續發展素養的公民

在我國環境教育的發展歷程中，教育部扮演非常關鍵性的角色。在 2011 年環境教育法通過之前，我國正規教育中的環境教育已經推動多年，各縣市環境教育輔導團在這過程中扮演相當重要的角色。環境教育法規範高中以下學校教職員生每年需接受四小時以上的環境教育，使得環境教育成為學生接受國民教育的成長過程中必有的內容，在潛移默化間，影響相當深遠。

然而，隨著時代的變遷，環境教育的架構與內容也持續變化。聯合國推動永續發展教育與 UNDESD 之後，許多國家紛紛以永續發展教育作為框架，以與聯合國接軌。2021 年，教育部提出「新世代環境教育發展」（New-generation Environmental Education Development, NEED）綱要計畫，設定環境教育為「以

永續發展為導向的環境教育」，強調以學習建構一個永續未來、積極實現社會轉型所需要的價值觀、行為和生活方式（教育部，2021）。此時，各級學校已經逐步熟悉聯合國於 2016 年開始推動的永續發展目標（SDGs），NEED 也鼓勵各級學校靈活運用 SDGs 的整體架構與個別 SDG，從各個不同的角度推動環境教育，不受傳統上以自然生態為主的教育內容束縛。

　　事實上，聯合國面對氣候變遷此一人類的重大挑戰，也強調氣候變遷教育的重要性。2010 年，在 UNDESD 實施階段的中間點，聯合國教科文組織（UNESCO）提出將氣候變遷教育（CCE）結合永續發展教育（ESD），成為 CCESD，作為 2010-2015 年聯合國執行 ESD 的主軸。聯合國強調，無論從發生的原因、可能的影響、或因應的策略來看待氣候變遷，都不僅是環境問題，而與經濟、社會密切相關。因此，有必要以經濟、社會、環境的整全角度看待氣候變遷教育，CCESD 自此成為聯合國推動氣候變遷教育的架構。

　　近年，「2050 淨零排放」成為全球目標，聯合國跨政府氣候變遷工作小組（IPCC）於 2021 年發行第六次評估報告（AR6），以「共享社會經濟路徑」（Shared Socioeconomic Pathway, SSP）命名未來溫室氣體排放和全球增溫的情境（IPCC,

2021），更進一步說明全球架構下，「永續發展」視角的重要性。

　　實際推動與執行 NEED，也需要運用 ESD 的核心策略，以回應 ESD 完整參與的核心精神。全校式方法（whole-school approach, WSA）即為 NEED 強調的策略，與聯合國 ESD 相呼應。前述 CCESD 的 WSA 運用「整全 4C 模型」（holistic 4C model）整合課程、校園（物理環境）、社區、（機構）文化，希望能夠激發出四個圈的協同效應（synergy）（UNESCO, 2013）。在 NEED 中，則透過「學校領導與治理」、「校園環境及資源管理」、「課程發展與教學」、「與社區共學」等四大面向進行系統性重整，希望採行創新的情境教學方法，實踐前述的 4C 模型概念，培養學校師生（不僅是學生）的永續能力。

回應聯合國永續發展教育宣言

　　聯合國於 2021 年 5 月於德國柏林舉行世界永續發展教育會議，並且發表了永續發展教育宣言，特別指出，全球面對重大挑戰應採取緊急行動，而重大挑戰包括氣候危機、生物多樣性大量喪失、環境汙染、全球流行病、極端貧窮、不平等、暴力衝突等。需要持續強調公正、包容、關愛與和平等價值，才能讓人類走向永續的道路。在該宣言中，再次強調氣候變遷是永

續發展教育的優先領域，即再度確認 CCESD 的架構，且提及對於小島嶼開發中國家特別關鍵（UNESCO, 2021）。

NEED 回應聯合國的永續發展教育，強調系統思考與批判思考，提醒我們面對長期不永續的消費與生產型態，以「從搖籃到搖籃」的系統思考重新建構，檢視既有系統中的問題，進而獲得系統性的改善。「循環經濟」（circular economy）即為在生活中可具體實踐的變化，也是永續發展理念的具體呈現。

世界正在快速改變中，學生在學校中的學習於社會之間的連結愈來愈密切。在氣候變遷、生物多樣性喪失等重大議題的驅動下，企業永續（corporate sustainability）也成為現在全球正湧現的重大趨勢。以 NEED 推動學校的環境教育，與社區、社會和更多利害關係人產生互動與議合（engagement），更能夠讓學生在務實的學習環境中成長，理解真實問題，且與眾人討論、合作後，採取行動，解決環境、社會、經濟等各類問題，讓自己成為支持人類邁向永續發展的世界公民。

參考資料：

- IPCC（2021），Climate Change 2021: The Physical Science Basis，https://www.ipcc.ch/report/sixth-assessment-report-working-group-i/

- Sector, U. E.（2005）. *United Nations decade of education for sustainable development（2005-2014）: International implementation scheme.* Paris, France: UNESCO.

- UNESCO（2021），Berlin Declaration on Education for Sustainable Development, https://en.unesco.org/sites/default/files/esdfor2030-berlin-declaration-en.pdf

- United Nations（1992）. *The Agenda 21.* Retrieved from https://sustainabledevelopment.un.org/content/documents/Agenda21.pdf

- United Nations（2015）. *Transforming our world: the 2030 agenda for sustainable development.* Retrieved from https://sustainabledevelopment.un.org/content/documents/21252030 Agenda for Sustainable Development web.pdf

- Wals, A. E.（2012）. *Shaping the education of tomorrow: 2012 full-length report on the UN decade of education for sustainable development.* Paris, France: UNESCO

- 教育部（2021），教育部「新世代環境教育發展」政策中長程計畫，https://www.greenschool.moe.edu.tw/gs2/need/p1.aspx

- 楊冠政（1997），《環境教育》，臺北市，明文書局

- 葉欣誠（2017），〈探討環境教育與永續發展教育的發展脈絡〉，《環境教育研究》（13）：2，p. 67-109

02

喚醒愛自然的 DNA
超越我執的環境倫理觀

許毅璿（教育部新世代環境教育發展政策推動專案計畫主持人、
高雄市政府教育局環境教育輔導小組顧問）

　　人類有一種與生俱來的傾向，即尋求與自然和其他生命形式接觸的欲望。國際上首位提出生物多樣性觀點的昆蟲學家愛德華・威爾遜（Edward O. Wilson）在 1984 年提出《親生命假說》（Biophilia Hypothesis）一書，書中論及人類與其他生命形式以及整個自然的深層連結，可能早就植根在我們的 DNA 當中。所以人類會無意識地尋求與其他生命的聯繫，對大自然某些生物、生態現象產生偏好（Biophilia）或恐懼（Biophobia）的直覺感受（亦稱生物性反應），都是生命親和力的證據。

親生命假說的意涵

　　例如在相關研究中發現，即使只有極少數人在他們的生命經驗中曾被蜘蛛或蛇咬過，卻有多數人對蜘蛛或蛇存在潛在的恐懼。相反地，人們又同時強烈渴望與生物近距離接觸的機會，

如養植花木、飼養寵物、參觀動物園、野地探險等。因此，這種與自然的聯繫，即使經過世代文明洗禮的今日，仍然可以在那些被自然所吸引、想要與自然合而為一的人們身上看到。而我，就是屬於這一種人。

七歲那年，帶著一股渴望大山、渴望下雪的興奮，隨著父母出遊合歡山。原本愉悅的心情，卻因為看到武嶺地標處的山谷中，經過一輛輛自山上下來的垃圾車隨意傾倒垃圾，而嚎啕大哭。當時的情景讓雙親相當不解，為何開開心心出遊的孩子，好端端地卻哭成淚人兒？那時的我才 7 歲，也說不出「親生命假說」那般專業的語言，只知道心裡面神聖不可侵犯的自然環境變成了垃圾場，內心非常地不捨卻無能為力，只能心痛地哭泣。

回想起來，當時小小年紀的我，其實已在內心種下了為環境努力的第一顆種子。就讀大學時，一種莫名的牽引帶著我選擇冷門的環境科學系就讀，大三開始與剛從美國留學歸國的教授學習環境管理。其實我哪知道環境管理有多重要，主要是可以光明正大地去「遊山玩水」。

當時我的研究方向是，從溪流上、中、下游中的魚種，了

解河川被污染的程度。所以，穿青蛙裝、電魚（使之昏厥，而非死亡）、溯溪、捕魚、標記、野放等，成為我與大自然接觸的例行工作。期間幾次做河川調查時，親眼見到被毒死的大量魚、蝦、貝類（當時山產店以毒魚方式捕獲），在約 1,000 公尺長的溪床上，看見許多水中生物靜靜地載浮載沉著，我一邊撿拾死屍（帶回實驗室解剖分析），一邊心痛而流淚，再次埋下未來將致力於環境教育的種子。

跳脫「人」的生態哲學觀

生態學是一門以生物為基礎的科學，其研究生物之間及生物與其周圍環境（包括非生物環境和生物環境）之間的相互關係。學生態的人，有兩大分歧，有些人認為將生態系管理好是為了人類的福祉，是自救的一種方法（稱為淺層生態學）；另一些人則認為我們身為人類，一定要跳出「人本中心」的觀念，人與其他生物一樣都是地球上的過客，我們沒有權利主宰其他生物的生命，自然萬物的存在不是為了支持或取悅人類的生存和喜好（稱為深層生態學）。其實這兩種觀點都有道理、沒有對錯，只是站在不同觀點視角、不同人文背景去議論。

淺層生態學是著眼於人本中心論（anthropocentrism），從

人為尺度思考，為了人尋找治理汙染的技術和開發資源，制定和實施限制汙染的法律，透過新技術的應用、科學研究和市場經濟來解決環境問題的一種方式。概括來說，淺層生態學的觀點是以工具性看待環境生態，或者「視環境是問題」來認識和解決當前人類面臨的生態問題。

深層生態學則相反，其立場是從生態本位思考，將全球視為一個生命共同體，所有生物體與非生物體都是這個生態系的成員，亦即訴求「生態中心論」（ecocentrism）」。深層生態學開宗明義的主張是，反對「人在環境中」（man-in-environment）的觀點，主張關連性的（relational）、整全觀的（all-field）的生態哲學，其認為環境問題可以追溯出它的「深層」哲學根源。也就是說，如果要根絕環境問題，就必須先扭轉我們的哲學觀或世界觀（worldview），進而改變社會的經濟結構以及意識形態，這樣才能徹底解決環境問題。

當我明白了人類天生具有親近大自然與生物的本質，並且因為這樣的本質，趨使人們想要對自然環境付出更多的關愛和保護，爾後引導我們走向「後天學習」（教育）的路徑，因而產生了人本中心論與生態中心論的思辨，也才了解淺層生態學的目的論，以及深層生態學的哲學觀。原來，這樣的歷程發展，

就是「環境倫理」這門學問的由來。那麼也可以說，每個人的 DNA 中，原本就已經存在保護自然的使命，因為人類本身就是自然的一部分，與萬物相連。只是這個 DNA 長期沉睡在我們的身體裡，需要被喚醒。而我被喚醒的那一年，應該就是七歲看到垃圾山景的那一幕！

為何「環境倫理」是環境教育的必修科目？

環境教育是一門跨領域學科，起源於 1950 年代初期西方社會關心資源保育的人士促使美國政府保護自然資源的回應，至 1962 年海洋生物學家瑞秋・露易絲・卡森（Rachel Louise Carson）發表《寂靜的春天》（Silent Spring），勇敢地揭露當代利益龐大的殺蟲劑產品 DDT 對空氣、水的汙染以及對生物的危害，將美國原本民眾意識逐漸高漲的土地資源保育觀念，擴大為空氣、水和土壤的保護，美國國會因此於 1970 年制定環境政策法案及環境教育法。

所以，環境教育是一門以教育為途徑，試圖從根本解決環境問題，促進環境永續的學習過程。環境教育通常是以個人或社區（社會）群體為目標進行教學，幫助其在社會中遇到環境問題時，能夠了解環境問題的知識、探討這些問題的解決方案，

並採取行動去協力解決這些問題。

因此，環境教育的本分，在於回應社會上實際的環境問題，而這些問題都具有時間的急迫性或價值觀的爭議性。再者，環境教育必須準確地回歸到問題的「本質」，促使達成「環境問題得到解決」的目標。故若要做好環境教育必先處理人的價值觀，環境倫理因此成為環境教育的核心學習要素，同時強調環境倫理不分領域、行業及國界，所有地球公民都應該秉持「尊重生命」、「社會正義」兩大信念，共同解決環境問題。

從主流思想「出走」

讓我們舉一個世界知名的例子，來說明「環境倫理」的影響力。有「保育之父」尊稱的阿爾道‧李奧波（Aldo Leopold），他是一位在工業時代中受嚴格訓練的「保育主流」專業人士，在 20 世紀初期接受「資源利用主義（resource utilitarianism）」的倡導訓練，曾任美國新墨西哥州和亞利桑那州森林署（Forest Service of United States in New Mexico and Arizona）的林業管理員。李奧波為了要提高自然資源對人類的直接利益以及滿足民眾對野地旅遊的喜好，曾主張把新墨西哥州的野狼與山獅以人為方式進行殺害，保留對人們不造成安全威脅的草食性動物。

不過，即使如此他仍呼籲要將某些地區劃設為沒有人造道路、不能為人所用的原始野生地區，在 1924 年大力促成新墨西哥州吉拉國家森林區的設立。

當美國一州一州地把狼（以及其他兇猛的肉食動物）趕盡殺絕之後，原先指望有的鹿群，因為繁殖太多而死亡，餓骨暴露山野，腐化屍骸到處可見。另一方面，大量繁衍的草食性動物，也因競爭該區域裡的植被，快速啃食，讓原本健全的生態系統進入崩壞的邊緣。李奧波終於理解到：「正如鹿群生活在對狼的極度恐懼之中，山也生活在對鹿群的極度恐懼之中。然而，如果一隻公鹿被狼獵殺了，兩三年後便能回復，但是一座山被鹿啃食精光，卻是數十年也無法恢復。」自此，他開始學習「像山一樣的思考」，也開始學習重新建立一套完全不同的保育觀。

在《沙郡年記》（A Sand County Almanac）一書中，李奧波以感性的口吻描述這事件帶給他的反思：「一個從肺腑中發出的深沉長嗥，在懸岩間迴響，滾下山後在黑夜裡消失。它縱情發洩不馴的野性悲鳴，藐視世間一切的橫逆。每種生物（也許死時都是一樣）都會發出那聲呼嚎。對鹿而言，那是死亡近在咫尺的警告；對於松樹，那是午夜戰亂血染雪地的預報；對

於土狼，那是撿食殘屍餘骸的指望；對牧牛人，那是銀行出現赤字的威脅；對於獵人，那是利牙對子彈的挑釁。然而，在這些明顯且即刻的希望和恐懼背後，有一層更深的意義，只有山自己知道。只有山活得夠久，才能夠客觀地聆聽狼的嚎叫。」這就是書中寫道「像山一樣的思考」（think like a mountain）的最佳描述。

李奧波有了極大的覺醒，他後來公開反對大多數他原先贊成的論調，也提出以「土地倫理」為根本的保育觀點，他主張「動物有權生活在自己的領地裡，人類對自然資源的過度開發和干擾，其實是對生物的侵權行為，最終會受到自然的懲罰。」李奧波鼓勵人要回到大自然的懷抱，但不只是以「旁觀者」的心情去享受休閒娛樂，而是真正回到大自然裡，讓心靈重新得到滋養，接收知性與感性上的補給，才能以謙卑的態度來學習與自然和諧相處，人類的生存才有可能永續。

人倫關係五倫外的第六倫

在傳統社會文化中，規範人與人之間的關係著重於「五倫」，即是基本的五種人倫關係，包括了父子、君臣、夫婦、兄弟、朋友。《孟子·滕文公上》說到：「父子有親，君臣有義，

夫婦有別，長幼有序，朋友有信。」儒家的五倫常理，一直是我們家庭與社會倫理秩序的規範。但是，人源於自然，與自然萬物平等、和諧相處，才得以永續發展。若是如此，社會只談五種人倫關係，對於環境或土地倫理卻藐視不談，那我們離永續發展的目標豈不遙遠？！

我再次引用李奧波《沙郡年記》一書中的描述，在〈土地倫理〉這篇的開場白是一則希臘神話故事，「當如天神般的奧德修斯由特洛伊的戰爭回家時，他把家中在他出門時疑有行為不端的十二個女奴，用一根繩子全部吊死。這吊刑沒有牽涉到是否正當的問題，因為這些女孩原是財產。」李奧波用這個故事貼切且簡潔地說明：「處置財產只是權宜問題，與是非對錯無關。」但他也明白指出，這件事並不表示在奧德賽時代的希臘缺乏是非的觀念，而是表明當時的倫理框架只含括妻子，還沒有延伸到被視為財產的奴隸……

接著李奧波巧妙地將這個故事連結到土地的擁有者，說道，「……至今尚未有人論及關於人對土地關係的倫理，以及對動物和土地上生長的植物的倫理。土地，就像奧德修斯的女奴一般，仍只是財產。土地關係仍然是純經濟的，牽涉到權利，但

沒有義務。」

在故事結尾，李奧波強調道德規範所涵蓋的領域，並不是一成不變的。是的！如果我們的社會僅維繫著二千多年前的五倫觀，而無法延伸到「第六倫：環境／土地倫理」的探討，那麼不僅阻礙了人們理解自然生態的深層意義，也可能對人類永續發展的推進設下停滯不前的屏障。「尊重生命」、「環境保護」及「社會正義」有利於社會的永續發展，也是社會文明很重要的哲學觀。

古人的自然哲學觀

道家是中國諸子百家中思想學派之一，在二千多年前的古代社會，道家主張「順其自然，自然無為」。莊子思想的核心是「逍遙」與「齊物」，他主張「天地與我並生，萬物與我為一」的哲學思想。莊子在《如是說》之〈秋水〉篇（六）論道：「無以人滅天，無以故滅命，無以得殉名。謹守而勿失，是謂反其真。」這段話的原意是「不要人為地毀滅自然天性，不要有意地去傷害性命，不要為貪得而求聲名。謹守天道而不迷失，這就是返樸歸真。」

從莊子的哲學思想中，我們更深刻了解西方哲學觀「深層生態學」所提出的道理，**如果要根絕環境問題，就必須先扭轉我們看待自然生態的哲學觀，進而改變社會的經濟結構以及意識形態，這樣才能徹底解決環境問題。**

自然環境是人類社會的基礎、是賴以維生的依歸。臺灣僅蕞爾小島，並沒有豐富礦產及自然資源，如果將環境破壞殆盡，我們還能搬到哪裡去？如果山林和海洋資源不見了，我們還能依賴什麼生存？在新臺幣鈔票的背面印有櫻花鉤吻鮭、臺灣帝雉、梅花鹿等圖樣，其象徵著臺灣人歸屬天地萬物中的一份子，我們願意善用智慧、珍惜環境、尊重生命，澆灌這塊土地上的環境教育種子，期待長出希望之芽，一代接一代地傳承下去！

參考資料：

● 許毅璿、詹詩儀（2011），〈學齡前兒童對臺灣野生動物圖卡之視覺偏好〉，《環境教育研究》8（2），p.31-62

● 許毅璿著，彭仁隆編（2009），〈物種滅絕對人類的影響〉，《野性再現：臺灣保育動物與域外保育行動》，臺北市，臺北市立動物園

● 瑞秋・卡森（Rachel Carson）著，李文昭譯（1997），《寂靜的春天》，臺中市，晨星出版有限公司

● 阿爾道・李奧波（Aldo Leopold）著，吳美真譯（1998），《沙郡年記：李奧帕德的自然沈思》，臺北市，天下文化

● 陳慈美（1997），〈生態保育之父李奧波「土地倫理」的啟示〉，《環境價值觀與環境教育學術研討會論文集》，臺北市

第二章

新世代環境教育
因應在地，跨域永續

教育是一畝田，教師是農夫，學生是秧苗。

因應全球氣候變遷及高雄市從山到海的地形、氣候、環境、校園教室類型，從生態環境的復育、綠地公園的闢建、綠能建築的推動、綠色運具的建置，步步築夢踏實，邁向一個海洋首都、宜居的生態城市發展。

高雄市環境教育輔導小組以「永續校園組」、「氣候行動組」、「能源教育組」、「資源循環組」、「NEED 青年實踐組」，在校園多元推動環境教育，實踐「不遺漏任何人」的精神，落實環境教育跨域社企、地創、地球解方的行動。

「做好事不能少我一人，做壞事不能多我一人。」2017 年一部廣為流傳的海龜受難影片，啟發文府國小學生實施減塑行動。每天少拿 1 個塑膠袋或在家吃早餐，就在鯨魚圖畫上貼 1 個圓點，33 個班一週累積減少使用 10,000 多個塑膠袋，這影響力太大了。所以，結合國際環教潮流（永續發展目標 SDGs），因應高雄在地環教主軸，達成「國際、跨域、共榮、永續」願景，成為 EST 三方共構的重要任務與使命。

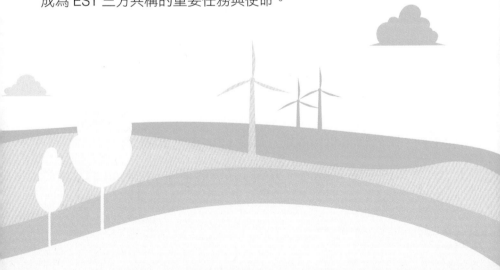

01

閱讀高雄 走向永續淨零城市

黃藍儀（教育局辦事員）

為了解高雄市政府教育局如何推動環境永續發展，還是不得不從本市環境教育發展的脈絡說起，其發展階段大致可分為「山海河港 永續高雄」、「低碳高雄 永續校園」及「高雄新世代 環教新 Style」三個階段，分別說明如下：

1 「山海河港 永續高雄」階段（2016 年之前）

高雄市政府為推動環境教育，依行政院經濟建設委員會於 2004 年 11 月 8 日發布之「臺灣二十一世紀議程 - 國家永續發展願景與策略綱領」，成立「高雄市永續發展委員會」，整體規劃永續校園及環境教育工作。教育局環境教育輔導小組（下稱環教小組）則實施各項具體措施，深化校園環境教育意識，落實本市溫室氣體減量、節能減廢之環境政策，讓各項關注之環境保護議題，透過學校的環境教育倡導。

2 「陽光綠能 低碳高雄」階段（2016 ～ 2021 年）

2015 年聯合國提出 2030 永續發展議程，揭櫫 17 個永續發

展目標（Sustainable Development Goals，簡稱 SDGs），如何扣連 SDGs 建構永續發展循環圈，成為各國政府推動環境教育之重要課題。教育局參照 2019 年 7 月「臺灣永續發展目標」，滾動修正本市整體永續城市之教育面政策。因應全球氣候變遷及本市從山到海的地形、氣候、環境、校園教室類型，聚焦四大面向——「永續校園」、「空品教育」、「能源教育」及「減塑教育」，推動教育面短、中、長程工作，並以「永續政策」、「再生利用」、「融入教學」、「體驗力行」及「氣候變遷調適」等環境保護重要議題，融入各領域教學及校園生活，以達成「永續發展教育」目標。

❸ 「高雄新世代 環教新 Style」階段（2022～2025 年）

而後，教育部在 2020 年提出的「新世代環境教育發展（New-Generation Environmental Education Development, NEED）」學習理念，將氣候變遷（Climate Change）、永續發展教育（Education for Sustainable Development, ESD）及永續發展目標（Sustainable Development Goals, SDGs）知能導入環境教育推行策略，以回應聯合國永續發展目標。為朝向新世代環境教育目標前進，因應在地環境議題，環境教育更需因地制宜，教育局思考結合國際環教潮流（永續發展目標 SDGs），又能因

應在地（高雄）環教主軸，達成「國際、跨域、共榮、永續」願景，環教小組重整組織架構為「永續校園組」、「氣候行動組」、「能源教育組」、「資源循環組」、「NEED青年實踐組」，期望在既有基礎上，透過組織轉型、新世代人才的加入，持續培育具環境友善及永續發展思維的新世代公民。

SDGs 在高雄 不遺漏任何人的永續精神

為了提升市民環境教育素養及本市行動力，教育局環教小組積極爭取教育部補助，多年來有組織、有計畫地輔導本市各級學校，並用心地全面推動環境教育工作，只為那不遺漏任何人的永續精神！

而在中央公布的「臺灣永續發展目標」後，高雄市自2021年起也發表聯合國永續發展目標的自願檢視報告（Voluntary Local Review, VLR），針對17項目標進行全面檢視，以了解在地的發展及推動情形。2022年3月底，因應我國國家發展委員會公布《臺灣2050淨零排放路徑及策略總說明》，高雄市跟上國家的腳步，為達成淨零目標，擬定四大轉型策略「產業轉型優先」、「增加就業優先」、「交通建設優先」及「改善空污優先」與法制基礎，輔以增綠減碳、智慧科技、資源循環、綠

交通、低碳社區等具體方針，並透過永續淨零教育進行向下扎根，攜手市民、產業、民間團體、學界共同落實 SDGs，達成拚經濟、衝就業、顧教育、好生活、真安心五項重點。

在推動聯合國永續發展目標的路上，夥伴們陪伴前行是不可或缺的；也因此，教育局積極爭取產官學及公私協力合作資源。從 2018 年本市首次辦理環教成果展「綠光山河 High 高雄 - 綠色博覽會」，聚集 30 個來自各縣市的學校攤位及環教團體展出，到 2019、2020 年與國立高雄科技大學擴大辦理「高雄市永續城鄉 & 綠能校園計畫博覽會」，展出本市具體成果之環境教育亮點。

在 COVID-19 疫情肆虐期間，雖然無法辦理實體的大型活動，但環境教育的推動及落實仍是未曾間斷、持續向前。有此機緣，我們在 2022 年世界地球日（4 月 22 日）與國立科學工藝博物館、慈濟慈善基金會合作，共同簽訂「環境教育合作意向書」，以建構社區志工培訓機制、協助研發環境教育課程、提供多元培訓場域支持環境教育學習、接軌國際視野以及其他有助於優質教育、社會共好之永續發展教育合作事宜，期待以「清淨在源頭」環境教育精神，將永續發展教育、淨零排放等具體環保行動，推廣在學校、家庭與社區落實。

在合作意向書基礎下，經過多次的會議討論參加對象、課程內容、講師，到三方分工形式與經費等內容，歷經半年，在三方的努力下，正式啟動志工培訓。2022 年 9 月開始進行為期 9 週 27 小時的環境教育社區初階志工培訓課程，課程從環境教育五大學習主題「環境倫理」、「永續發展」、「氣候變遷」、「災害防救」與「能源資源永續利用」等進行規劃，搭配 12 小時服務學習時數、戶外教學課程，希望透過體驗、思考，讓參加的志工們了解環境議題核心精神，更能轉化為環境教育的推手，共同思考如何減緩與調適氣候變遷對我們的危害。

　　為持續提升環境教育志工素養能力，三方延續規劃 6 堂、18 小時進階課程；進階課程規劃的方向，是為培養志工表達、文案及敘事等能力，安排志工到國立科學工藝博物館的「莫拉克風災紀念館」及慈濟慈善基金會靜思堂等展館，進行導覽技巧的訓練及表達，期許學員於課程結束後能共同參與研發環境教育課程教案、擔任環境教育宣導種子及進行三方環境教育場域之導覽。

　　三方為擴散環境教育觀念，教育局環教小組於疫情後首次辦理的成果展，就結合了科工館「第三屆臺灣科學節暨科工館

25 週年館慶」活動，還有慈濟慈善基金會行動環保教育車，於科工館室內外場域共同辦理「科普市集」設攤活動，與民眾互動。

教育局設攤單位，包含環教小組計畫執行學校陽明國小等 18 校，將本市環境教育具重要議題以「永續校園」、「氣候行動」、「能源教育」、「資源循環」等面向展示成果；並邀請市府環境保護局及毒品防治局、相關 NGO 團體（含林園紅樹林保育學會、澄清湖高質水環境教育園區）及民間單位（風情萬種工作室）等設置 20 攤位。而三方合作之環境教育志工，也一同參與這兩天的「科普市集」設攤活動，不僅是讓志工落實培訓的內容，同時學習如何面對民眾，推廣環境教育。

打造共生、循環、低碳港都 展望下一個百年

在達成聯合國永續發展目標的歷程中，學校教育只是其中的一環，其他包括家庭教育、社區及整個公民社會，都是落實聯合國永續發展目標的共同推手，這也是為什麼我們要讓三方成為彼此在環境教育推動上的合作夥伴。

近年氣候變遷加劇，加上受到 COVID-19 疫情的影響，針

對極端氣候的因應、適應，環境教育已不能再是閉門造車、自己埋頭苦幹就可以達成的，透過跨域、跨部門合作進行「策略聯盟」，提升彼此的競爭優勢，即使教學上仍有著教學資源分配的公平性、學校環境軟硬體空間及城鄉差距等落差的挑戰，不過，危機就是轉機，相信當大家將共同努力的力量匯聚起來，我們就有能力為教育、為我們下一代的孩子，帶來正向的改變。

除了透過跨域合作，值得介紹的還有我們透過國際交流，讓學生進行環境教育推展。自 2000 年起辦理「亞洲學生交流計畫」（Asian Student Exchange Program, ASEP），每年 12 月聖誕節前後，由國外交流配對學校組隊來訪參與，和高雄市學生共同進行英語專題發表。

近年受到疫情的影響，國外學生雖然無法組隊來到高雄，但是線上交流仍舊持續。2022 年底的大會以「經濟發展與環境永續的平衡與衝突——聚焦 SDGs」作為主題，鼓勵學生探索國家、城市或地區的發展，與永續保育如何達成平衡，讓學生深入了解聯合國永續發展目標，計有 10 國與高雄 4 所大學、40 所高國中，共 86 校、超過 900 名師生參與。

在《讓天賦發光》（Creative Schools: The Grassroots

Revolution That's Transforming Education）一書中，作者肯・羅賓森（Ken Robinson）描繪出理想教育和學生發展的願景：「讓學生了解世界和自身的天分，幫助他們擁有充實的人生，並成為有熱情、有生產力的公民，是教育最初，也是最重要的目的。」在邁向聯合國永續發展目標的路上，有一個很重要的觀念是「不遺漏任何人」的精神，而在推動落實的過程中，也是在引導所有人，包含親師生，理解彼此的過程。這個理解小至個人，大至不同國家，是所有生存在這個世界的公民，都應該共同努力的責任，沒有人是局外人！

我們任何人都是世界公民，在不同位置身兼及扮演不同角色，而在聯合國永續發展目標的推動上，有很多的議題都能夠讓大人、小孩及不同身分的人共同對話及討論。在希望更進一步實現聯合國永續發展目標的路上，第一件事是大家的認知，有意識到這個目標，並將目標放在心上，才能轉化為每個人的行動去實踐及落實。

而透過教育可能引導師生有更多對環境教育的覺知，因此，本市環境教育規劃依循著教育部的「新世代環境教育發展」學習藍圖，並配合以友善環境為核心精神的 ECO SCHOOL 生態學

校系統之學校本位課程，一方面呼應聯合國的 SDGs 十七項永續發展目標，與國際接軌；一方面還希望呼應國內推動之 ECO CAMPUS 臺美生態學校系統，發掘各項在地特色及因地制宜精神，發展本市環境教育發展特色，啟動師生敏覺感知在地環境問題，化為行動實踐關愛在地環境的價值觀及生活方式。

最後，就像「高雄市自願檢視報告」提到的「『閱讀』高雄」，要朝向聯合國永續發展目標邁進，我們所有人都需要學習以開放包容的心態及思維，閱讀你我，閱讀所在的城市，閱讀每日的生活，閱讀世界各地發生的故事，並學習以更積極的態度面對所見所聞。永續發展就存在你我之中，只要不放棄，世界一定會變得更加美好！

02

環教輔導小組跨域奇思創想
從平方到立方

黃意華（高雄市環境教育輔導小組召集人、仁武國小校長）

一個人走得快

一群人走得遠

在環境教育的推動上

環教小組是一群戮力於環境教育工作的夥伴

讓我們一起為守護居住的地球而努力

為維護我們居住的地球，確保人類永續生存，環境保護已是全球共同的思潮與行動。

1972 年聯合國人類環境會議（UN Conference on the Human Environment,1972）發表「人類宣言」，開啟了人類與自然環境良性互動的新紀元。因應國際環境保護趨勢，臺灣環境教育的起源與發展，緊扣著國際環保的思潮和行動。從環境教育納入九年一貫課程的議題；108 課綱強調跨學科、跨領域推展環境教育議題；教育部更在 2020 年提出「新世代環境教育發展（NEED）」

學習理念。NEED 是 "New-generation Environmental Education Development" 的縮寫，強化環境、社會、經濟三面向的新世代環境教育學習，期待學校課程所學的知識實際運用於日常生活中，促進自發、互動、共好之系統性思考與獨立思辨能力。

高雄市環境教育輔導小組發展歷程

高雄市環境教育輔導小組（下稱環教小組）是對接教育部環境教育政策的執行組織，發展的脈絡分為以下三階段：

1 山海河港 永續高雄

2016 年以前，環教小組以五大主軸推動永續高雄環境教育，內容包括：1. 培育環境教育人力與資源；2. 充實在地環境數位教育資源；3. 落實氣候變遷調適政策；4. 精進優質環境教育課程與教學；5. 策進環境教育輔導小組功能，並以十大亮點全面性的推動環境教育工作。

2 陽光綠能 低碳高雄

2016-2021 年期間，環教小組依照環境教育法，修訂組織為以下五組：行政業務組、永續校園組、空品教育組、能源教育

組及減塑教育組，並以「永續政策」、「再生利用」、「融入教學」、「體驗力行」及「氣候變遷調適」等環境保護重要議題融入各領域教學及校園生活，以達成「永續發展教育」目標。

③ 高雄新世代 環教新 Style

因應國際環境劇烈變遷、教育部新世代環境教育發展政策、以及高雄市發展軌跡，調整環教小組內容為：永續校園組、氣候行動組、能源教育組、資源循環組及 NEED 青年實踐組，除了繼續強化政策推展、發展環境教育課程與教學外，更落實環教實作與實踐，並促發青年學子參與環境行動，鼓勵診斷在地問題，提出解決方案，讓環教的推展不再侷限於校園內，更能創發地方以解決地球環境的危機，保護人類的存續。

其相關組織如下：

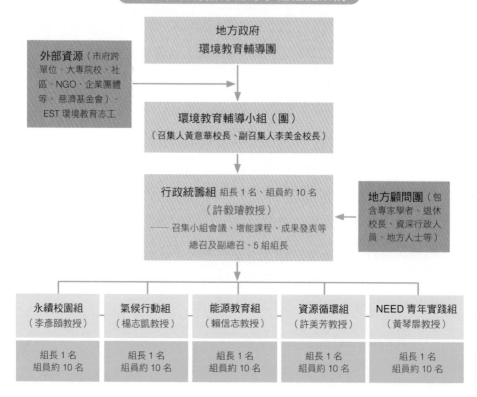

高雄市環境教育輔導小組組織架構

地方政府
環境教育輔導團

外部資源（市府跨單位、大專院校、社區、NGO、企業團體等、慈濟基金會）、EST 環境教育志工

環境教育輔導小組（團）
（召集人黃意華校長、副召集人李美金校長）

行政統籌組 組長 1 名、組員約 10 名
（許毅璿教授）
—— 召集小組會議、增能課程、成果發表等
總召及副總召、5 組組長

地方顧問團（包含專家學者、退休校長、資深行政人員、地方人士等）

永續校園組（李彥頤教授）	氣候行動組（楊志凱教授）	能源教育組（賴信志教授）	資源循環組（許美芳教授）	NEED 青年實踐組（黃琴扉教授）
組長 1 名 組員約 10 名	組長 1 名 組員約 10 名	組長 1 名 組員約 10 名	組長 1 名 組員約 10 名	組長 1 名 組員約 10 名

④ 環教的組織從平方到立方

1. 從上圖可以發現，環教小組在縱向的銜接上，以教育局為指導單位，行政統籌組為核心，確認環教的發展路徑，以各小組為執行單位，落實環境教育的推動，得以從各校到策略聯

盟學校，讓環教的種子撒遍散布，更能開花結果。

2. 在橫向的連結上，專家學者、市府跨單位行政承辦人員是地方顧問團，企業團體是環教推展的策略夥伴。2022 年 4 月 24 日（世界地球日），教育局（環教輔導小組為執行單位）、科學工藝博物館與慈濟基金會簽訂環境教育合作意向書，擬定共同合作項目，將永續發展教育及永續發展目標、淨零排放等具體環保行動，落實推廣於學校、家庭與社區。從社區環境教育志工培訓出發，目前已完成初階及進階志工培訓各一期。

　　綜上，高雄市環境教育輔導小組的面向，從單一的學校擴展至社企及 NGO 團體，從平面的發展推展至立面的架構，讓環教的影響力可以發揮加乘的行政推動能量。

高雄市校際環教推動的創發與合作

　　高雄市環境教育輔導小組目前分為五組，每組約有 6 到 10 所學校共同推動小組的環教議題，透過策略聯盟或協力共辦，各有不同的豐碩成果。

① 以愛樹教育為主軸的實作研究，包括：1. 校園樹木於氣候調

適減熱固碳效果之觀察研究；2.透過實地探訪認識森林對碳匯的重要。

② 以網紅手法記錄高雄特色環境教育，諸如六龜區「學校與小農經濟作物轉型的採茶趣」、甲仙區「能源運用在偏鄉學校實錄」、大樹區「鳳梨故鄉在大樹」，每區的環教與在地人文特色將展現高雄的多元與豐富樣貌。

③ 綠金的旅行：從一校出發，拓展多校的參與，以堆肥及蚯蚓產生之堆肥，實際應用於校園植栽，讓老師了解校園中資源多樣性，對學校環境教育會有更具前瞻的規劃與改善，例如校園均有落葉之困擾，但製作落葉堆肥及蚯蚓實作課程，都是活化土壤的良方。

博士示範樹木測高桿操作

④ 高雄空汙的校際解決方案：空汙是高雄的環境重要議題，環教小組執行的學校運用策略聯盟的方式，文府國小設立空汙館，提供各校參觀學習的導覽解說；仁武國小與策略聯盟學校進行實地探測；鹽埕國中發展 AR ／ VR 的空汙教案，學生

跨校推廣——國小教師為幼兒園孩子介　三民高中青年領袖營
紹蚯蚓生態（圖片提供／黃意華）

參與、體驗，更理解在地問題，並尋思調適與緩解解方。

⑤ 三級銜接的青年環境行動：環教推展不能僅限於知識與觀念的建立，最重要的是實踐與實作，本市高中職生參與永續行動倡議領袖營，透過環境教育課程、國際現勢環境重點趨勢、佐以青年創業分享，引導青年倡議環境改變行動，並以 TED 演講模式傳播概念，青年對於環境行動的作為，逐年深耕開展中。

⑥ 環教綠星獎：獎勵是實作推展的激勵，在中央部會有國家永續發展獎、國家環境教育獎，在高雄市我們也辦理環教綠星獎，以九項指標鼓勵各級學校全面且切合時勢推展環境教育，透過獎金與敘獎，給予教學現場的老師們激勵，也讓環境教育的推展更成為教師們心中的目標。

環教跨域社企，地創，地球解方的行動

1972 年聯合國人類環境會議發表「人類宣言」後，維護我們居住的地球已是人類的共識，但在環境保護與經濟發展之間，存在著兩難問題。可喜的是，仍有許多企業、地方社團基於社會企業責任，投注經費與人力在環境保護及教育推動。近年，淨零碳排已成為企業發展必要參與投入的關鍵議題，環教小組與社會企業合作推動環境教育，讓資源更充沛，讓推展的成效更能產生實質的效益與影響力，是我們努力的目標。

① 結合日月光文教基金會辦理成果展

高雄市教育局（環教小組）、觀光局、環保局結合企業（日月光文教基金會、Gogoro 睿能科技及晶城環保有限公司）聯合辦理「永續高雄淨零綠生活博覽會」，藉由產官學聯盟及聯展的形式，希望永續的議題更彰顯與實施。環教小組也將年度成果以靜態或動態方式參與展覽。主題包括：空品、減塑、空汙防治、能源教育的推展，永續循環校園實作的案例，以及環教繪本的展示，此種跨校、跨領域、跨部門、跨世代的合作模式，既是成果展示，也是擴大影響力的一種推展。

❷ 高雄 EST 三方合作，共推環教的開創模式

2022 年 4 月 22 日世界地球日當天，高雄市政府教育局、科學工藝博物館及慈濟基金會簽訂了三方合作意向書，希望集結彼此資源，如：教師課程與教學資源、科工館的展覽場域資源、慈濟基金會的志工及場館資源，聚集推動環境教育的能量，讓環境教育推展更能發揮實質的效益。

志工培訓先行啟動三方合作的第一項，同年 9 月 14 日開辦了初階志工培訓，並於 2023 年接續辦理進階及第二期志工培訓，開啟三方合作的紀元。

2022 年在科工館 25 週年慶，高雄市環教小組也將年度成果展覽豐沛展出，在科工館的中庭辦理，也吸引許多市民參與，

EST 三方合作環教志工培訓──低碳生活
（攝影／黃意華）

並帶著小朋友參加闖關體驗。

2023 年，世界各地傳來許多因極端氣候而導致的災難。2023 年 7 月 6 日是全球平均地表氣溫最熱的一天，也是史上最熱的一個月；熱浪極端高溫席捲歐、非、美洲，不僅造成多人死亡，也焚毀多處森林與農田；罕見暴雨讓多國釀洪災；南極海冰面積今年超異常縮小，數百萬年一遇。

這些現象都在警示人類，地球環境的惡化正在急遽變遷中。如何集結每個個人為團隊，鏈結各項資源發揮更大的效益，如何讓環境教育的推動從線到面，從平方到立方，環教輔導小組正在努力的路徑上，也期待與更多環教夥伴同行，為維護我們居住的地球而努力。

SDGs 在校園生活中的倡議與實踐

李美金（高雄市環境教育輔導小組副召集人，文府國小校長）

　　2014 年高雄仁大工業區廠區發生嚴重氣爆，濃烈惡臭飄進校園，學校開始關注周邊空氣汙染的來源，對於學校附近工廠製造的空汙持續監督並進行空品教育。期間多次的空汙檢舉、參與公聽會、師生走入社區街頭宣講、以科學探究方式進行校園周邊落塵量及雨水 PH 值檢測，一件件公害陳情，一項項的檢測數據，一波波能量的積累，促成了 2016 年社區親師生引領社區居民的抗空汙遊行公民行動。此行動促使鄰近學校汙染源工廠部分製程停工，也喚起社區民眾、政府機關對於空氣品質的重視，而我們校園生活所處的環境空汙危害，有了顯著的改善和保障。

真好！我把校園變美了！找出垃圾進行統計與分類，推論垃圾的成因後，透過回收再利用及垃圾減量，減少班級垃圾量。（圖片提供／文府國小）

環教新天地 高雄市成立空品環教中心

這段歷程，埋下學校深耕環境教育的種子，我們持續關心空氣品質及自身健康，期盼將知識內化為生活中的素養行動。

2018 年 11 月，為了落實深耕空氣品質環境教育，高雄市政府教育局首創空品教育融合情境互動教學，於文府國小設置「高雄市空氣品質環境教育資源中心」，希望藉由中心的成立，讓學生能從互動體驗中，引導扎根空品教育與防範空汙等，共同建置良好永續的生活環境。2019 年 1 月中心正式啟用，設置有「視聽教學區」、「體驗互動區」以及「空品展覽區」等三個豐富多元的學習場域。視聽教學區規劃為空品智慧示範教室，軟體設備部分有空品套書及影音光碟等，硬體設施部分則含 60

看到樹木砍斷，小動物的家消失，孩子不禁驚呼。透過觀察、科技工具記錄，孩子了解樹木的構造，同時以拓印剪貼與繪畫方式創造獨一無二的綠樹。（圖片提供／文府國小）

從一面紅旗開始，察覺空汙成因，分析並歸納空氣汙染對生活的影響。運用工具測量與記錄學校空品情形，孩子們透過空品播報工作實踐環境行動。（圖片提供／文府國小）

從高雄到檳城，從文府到協和，進一步，我們與馬來西亞第一所人文生態小學串聯起城市永續發展的旅讀故事。

人階梯座位、資訊設備、展示書架，以及空氣品質過濾暨監測裝置等。

之後，結合「綠家園」校訂課程的推動，學生認識空品六色旗、了解空氣汙染的成因及記錄每日空品 AQI 數值，觀察不同季節的空氣品質狀況，利用感測器檢測儀記錄不同時段／情境 PM2.5 和 CO_2 數值、比較不同環境條件空氣品質的差異，藉由專題探究，讓孩子從生活環境中探討空氣品質的變化並討論可應對的方式；進而擔任空品小志工，負責查詢測站空品數值、記錄、廣播及升空品旗示警，設計實體或線上遊戲關卡擔任關主，推廣空品的重要性及促進空品知能。

「現在空氣品質普通升黃旗，大家要注意喔！」文府國小空品小主播，每天 2 次，即時播報空氣品質，即時提醒相關防護措施；在空品中心透過 PM2.5 AR 體驗遊戲——See it through WEB APP，經由「能見度」及「人體歷險記」闖關體驗，了解空氣品質狀態與懸浮粒子造成的身體危害，並由空品小志工導覽主題解說，搭配自製教具示範，讓學生們藉由體驗觸發探索動機。未來更將結合大學、社教機構、民間非營利組織等，共同規劃跨區策略聯盟，期能達到建置本市空品教育支援網絡及資源共享平台之目標。

　　孩子於空品中心學習後寫下：「……經由空品中心展示的內容，讓我了解到其實不只工業會影響空氣品質，我們日常生活食、衣、住、行、育、樂都會產生 PM2.5，因此唯有從自身做起，才能有效改善空氣品質，能大口呼吸是多麼幸福的事。」

永續課程・綠動 Go on 小志工走入社區

　　文府國小緊鄰三大工業區，因為對空氣品質的需求，使文府全校師生對環境有深切的使命感。2017 年配合減塑教育，開始在學校推動早餐減塑，從班級鯨魚集點卡、個人小鯨冊到全校的聯絡簿，希望減塑能落實在生活中。

在推動的過程中，我們發現：

① 持續記錄不是一件容易的事；

② 小一新生具備減塑觀念很重要；

③ 小六生的畢旅可以練習減塑。所以減塑的宣導是必須的，於是決定培訓小講師來宣導減塑。

　　同時，我們也觀察到，三餐外食人數日多，造成塑膠垃圾不斷增加，如果結合有減塑理念的商家，利用集點卡鼓勵消費者的減塑行為，自源頭減塑的效應，一定可以擴大。

據此，我們的減塑行動大致如下：

① 集點卡持續推動～減塑從我做起，記錄減塑的具體成果。

　　第一階段：2017 年班級鯨魚集點卡

　　第二階段：個人小鯨冊集點卡

　　第三階段：聯絡簿早餐減塑集點卡

② 淨塑小講師宣導～大手牽小手，帶動理念的學習。

　　1. 一年級淨塑講座；2. 六年級不塑畢旅；3. 淨塑闖關活動；

　　4. 入班淨塑宣導；5. 淨塑廣播宣導；6. 社區淨塑宣導

③ 文府減塑友好商家～親師生合作走入社區，實踐公民素養。

首部曲：友好商家找回來，以校園減塑為基礎，走入社區，
邀請社區商家一起加入。

二部曲：跟著地圖做減塑，以繪製商家地圖的方式，關懷
友好商家執行狀況。

三部曲：少一袋 X 減塑新世代，舉辦「少一袋 X 減塑新世
代」活動，鼓勵消費者繼續集點，收集消費者對
友好商家的建議，作為未來推廣的依據。

1. 孩子應用綠家園主軸知識，結合故事構思、遊戲腳本及平台應用，製作淨塑、空品主題，藉由好玩的遊戲體驗吸引更多人的參與，並連結實際生活行動。（圖片提供／文府國小）

2. 孩子走入社區，到社區商家推廣不塑理念，辦理減塑友好商店說明會，繪製文府減塑友好商家地圖，更進一步數位化結合 Google Map 線上地圖，累積 41 家商店參與。

3. 綠留文府愛傳大地，從 2014 年小一新生種下的第一棵桂花樹到學長姐傳承學弟妹寫下綠留文府愛傳大地的故事，迄今種下 914 棵樹。

4. 從 2016 年孩子第一張早餐減塑集點卡開始，在校，我們與團膳公司合作，申請環保水果袋，每餐節省套袋；對外，我們分享文府經驗，擴散 339 校共同參與，累計減塑點數超過 1,000 萬。

5. 永續城鄉博覽會、社區雙語園遊會、全市綠色博覽會，透過遊戲及闖關活動推廣環保行動。

6. 文府免廢市集，市集小志工協助整理規劃，協助物品兌換，學弟妹及家長們熱情響應，實踐綠色生活行動。

7. 文府生日的秋橘成熟時，親師生共同見證孩子的學習成長，包括社區商家、跨區學校、里民夥伴，超過 1,100 人參與，共享無塑野餐草地音樂盛宴。

8. 在 2017 年，孩子成為我們課程發展的一部分。減塑小講師主動提出「不塑畢旅」，規劃劇場衛生用品篇、購物篇、餐具篇，向同行的師長宣導，最後成就了低一碳的畢業旅行。

9. 文府兒童文藝季，學生設計環保關卡，全校親師生闖關實作體驗，共同朝氣後行動、韌性城鄉永續目標努力。

10. 運用風速計測量歸納學校主要風向來源為西風且受到半屏山地理位置的影響，以及測量出校園走廊有風、教室卻無風，討論無風的感受及風的作用，進一步討論該如何引風入室。

11. 高雄低碳行旅主題方案，以低碳城市旅遊為目的，規劃深度的主題探索行程，理解大眾運輸系統、文化古蹟保存和生態環境維護的城市永續價值。

12. 高雄市空氣品質環境教育資源中心 @ 文府，以資源中心空間設計知識點解謎，運用 Holiyo 平台，讓孩子小組合作，解謎空氣汙染源、提點子倡議平台、文府空品故事。

https://wfpskh.or

這邊是可以抽籤的！

大考前要拜文昌帝君喔

門票

打狗英國領事館

就是非常很普通但非常不環保的一次性的切仔製品

美術館車站Art Museum Station(new)

There are light rails and trains here. 輕軌和火車

13. 鳳山古蹟事件簿，鳳儀書院和曹公圳都是清領時期的重要建設，這兩處對於當地的人才選拔和農業發展，有著密不可分的關係，所以我們決定一探究竟，深入認識古蹟歷史。

14. 讓我們一同前往位於高雄港的駁二藝術特區和打狗英國領事館，遊走港灣探古今，探索這座城市蛻變的力量，一起了解它們的蛻變過程！

15. 學生看到午餐水果套袋覺得不環保，提出水果套袋再利用方法，拜訪小農合作共好套袋回收給小農再次使用，並改用 bb 水果袋，其紀錄片更榮獲 2020 神腦原鄉紀錄片兒少組優選。

16. 高雄車站和舊打狗驛故事館具有如此豐富的歷史意義，讓我們跨越時空，共同探索：到達高雄車站的交通方式？鄰近車站有哪些景點？和車站相關的知識又有什麼？

04 永續校園診療所
——把脈過去、針砭現在、調養未來

王國村（高雄市環境教育輔導小組永續校園組組長、福山國小校長）

　　高雄市為發揮山海河港的豐富生態及多元族群的人文優勢，鼓勵學校推動以永續循環理念，**把脈過去**社區之共同意識，**針砭現在**校園風、光、水、熱之困境，營造成符合社區特質的公共空間，再結合「環教綠星獎」之獎勵與典範學習，**調養未來**舒適的世代生活環境。

校園微整形 永續美樂地

　　高雄市為鼓勵所屬學校推動永續循環校園，自 2006 年至 2023 年持續補助 144 校 207 案（高中 7 校、國中 30 校、國小 107 校）新臺幣 1 億 4,445 萬元，以永續循環校園理念，整合社區共同意識、重建社區風貌，改善校園環境成為符合社區特質的公共活動空間，促進社區與學校攜手共創永續發展。

　　本市擁有山海河港的豐富生態及多元族群的人文資源優勢，期許能連結教育部「新世代環境教育發展」（NEED）計畫及

永續發展教育（ESD），並以聯合國的「全球永續發展目標」（SDGs），發展出在地化、特色化之永續循環舒適校園。

1 策略概念：

1. 推動「校園永續微革命」：體察校園環境問題，從平凡角落或細微處著手，用心創新以局部改善締造環境舒適效益。

2. 落實「軟硬兼備」：落實校園之硬體改造與軟體（校園營造、環境教育或相關課程教學）相結合，創造實質教育成效。

3. 支持「團隊合作」：永續循環校園執行在於學校行政與教學團隊的合作與支持，結合外界與校際合作之資源，真正落實永續發展。

4. 鼓勵「發揮創意」：鼓勵學校從學校本位展現創意概念，改善環境並創造永續循環校園亮點指標。

2 執行案例：

1. 2018 年嘉興國中【永續校園活化再現】

改善前：

(1) 飲水機廢水豐沛卻直接排出，浪費水資源。

(2) 教室旁硬鋪面雨天積水，且夏天太陽曝曬造成熱島效應。

改善前

教室旁硬鋪面雨天積水，且夏天太陽曝曬造成熱島效應。（圖片提供／嘉興國中）

改善後

打除硬鋪面改造為透水植栽鋪面及礫石溝，改善積水問題。（圖片提供／嘉興國中）

設置飲水機回收水撲滿，用來清掃拖地及植栽澆灌用水。（圖片提供／嘉興國中）

改善後：

(1) 設置飲水機回收水撲滿，用來清掃拖地及植栽澆灌用水。

(2) 打除硬鋪面改造為透水植栽鋪面及礫石溝，改善積水問題。

2. 2021 年那瑪夏區民權國小【屋頂隔熱與教室高窗修繕】

改善前：

(1) 辦公室鋼構屋頂夏季中午氣溫常高達 30 度以上，無天花板

隔絕熱空氣，故室內更顯悶熱。

(2) 濕氣重，每間教室皆設有高窗促進空氣流通，但因年久失修，高窗無法發揮通風效能。

改善後：

(1) 安裝隔熱天花板，發揮隔熱功效，減少夏季使用冷氣頻率，達到節能功效。

(2) 修繕 42 扇高窗，更換扭矩絞鏈，讓開關順暢牢固安全，恢復木質高窗功能，使教室空氣流通及提供舒適上課環境。

改善前

濕氣重，每間教室皆設有高窗促進空氣流通，但因年久失修，高窗無法發揮通風效能。辦公室鋼構屋頂夏季中午氣溫常高達 30 度以上，無天花板隔絕熱空氣，故室內更顯悶熱。（圖片提供／那瑪夏區民權國小）

改善後

修繕 42 扇高窗，更換扭矩絞鏈，讓開關順暢牢固安全，恢復木質高窗功能，使教室空氣流通及提供舒適上課環境。安裝隔熱天花板，發揮隔熱功效，減少夏季使用冷氣頻率，達到節能功效。（圖片提供／那瑪夏區民權國小）

3. 2022 年溪寮國小【桃花心木林下水道】

改善前：

(1)大樹竄根造成步道磚頭隆起，且因陰暗潮濕易生青苔。

(2)舊有水道破損形成危險區域，形成校園髒亂角落。

改善後：

(1)將土地還予大樹，同時促進排水及地下水透滲與環境降溫。

(2)舊有水道轉身為礫石步道，便於行走，且利於透水降溫。

改善前

大樹竄根造成步道磚頭隆起，且因陰暗潮濕易生青苔。舊有水道破損形成危險區域，形成校園髒亂角落。（圖片提供／溪寮國小）

改善後

將土地還予大樹，同時促進排水及地下水透滲與環境降溫。舊有水道轉身為礫石步道，便於行走且利於透水降溫。（圖片提供／溪寮國小）

③ 效益成果：

1. 營造「舒適校園美樂地」：

　　從校園平凡角落或細微處著手，聚焦環境永續、資源循環的基礎概念，連結各項新時代環境概念，宏觀作整體規劃，逐年累積改善成果，締造校園環境舒適宜人之效益。

2. 轉化「環境工程變課程」：

　　規劃永續循環校園之課程與教學（校園營造、環境教育）相結合，將工程化為課程，深化硬體改善之實質教育成效。

3. 建置「專業團隊伴相隨」：

　　援引專業人才團隊，於先期規劃時即到校協助勘查，導引永續循環正確觀念，並給予改善建議，各校依據建議規劃送案，經審查通過後撥款執行，以避免無效作為而浪費公帑。

4. 鼓勵「在地思維展創意」：

　　鼓勵從學校本位之風土人文著手，考量地理條件及環境困境，展現改善環境之創意思維，創造永續循環之校園亮點。

5. 因應「氣候變遷現危機」：

　　世界正面臨氣候變遷危機，鼓勵學校必須提早思考因應策略，並轉化到親師生認知與力行，建立危機意識與共識。

環教掛綠星 閃閃亮晶晶

　　藉由環境教育指標認證，取代例行性項目檢核評分，提供各校環境教育特色之發展與目標。透過指標認證選拔出創新特色學校，辦理指標認證學校經驗分享，提供環境教育觀摩機會，落實環境教育典範學習，展現本市環境教育亮點。

① 高雄市環教綠星獎 9 項指標

編號	各獎項指標	內涵說明
1	Sustainable Campus 永續校園： 探索與改善	1. 理解校園基礎設施與空間規劃的現況，並延伸這些概念於生活環境中。 2. 探討校園及周遭環境中永續與不永續發展的案例，並認識各類型人類發展所帶來的影響。 3. 盤點及探索不利於校園環境健康的因子（廣義的健康）。 4. 導入有助於改善學習環境的規劃，並提出具體改善之策略。 5. 以學校本位課程、既有課程或社團/全校性活動等方式，連結永續校園概念具體落實於教學中。
2	Resilience in Life 韌性生活： 健康及平等	韌性生活意指，當生活中遭遇困難時，能夠適應並重新恢復正常、保持生活平衡的能力。人的一生中抵禦能力的水準會因年齡、經驗及學習而變化與發展。所指的韌性，是屬於學習得來的適應力，其是透過已度過的困難經驗或是經設計的困難情境來學習及激化產出。我們學會何時使用它，並在壓力大的時候使用它，便成為學生面對未來環境及生活不確定性的一種自我管理機制。 1. 適度安排戶外教育、運動及活動等，以有助於維持健康的生活。 2. 了解性別角色及多元族群文化（如族群、宗教、階層等）應受到尊重與保護，學校行政運作能落實對於個體保障及權利之展現。 3. 學習平等、公平和分享的概念，尊重多樣性和他人的選擇，以減少不平等對社會和經濟的影響。 4. 以永續發展目標為核心思維，採取批判和參與式的學習方法，並落實於生活中的應用。

編號	各獎項指標	內涵說明
3	Partnership 夥伴關係： 社區共翻轉	校園綠色流通模式（Green Logistics of Campus）意指，在校園內減少資源消耗和環境污染的商品流通活動；其目的係以環境保護為導向，直接或間接利用綠色行動或科技輔具，促成降低污染的環保取向型商品流通的過程及活動。 1. 培養社會情感素養、建立地方關係，學習理解社區環境現況與需求。 2. 熟悉城市的特性包括人類基本需求（食物、住宅、能源、交通和水等）的供應鏈。 3. 強調學校與周遭社區之永續流通（交通、物流、資源流），以減少碳足跡的積極作為。 4. 學校與社區共同推動互助性的永續作為，落實永續教育的推廣與在地實踐。
4	Ecological Integrity 生態健全： 與自然 共生	1. 強化校園內外的自然環境及生物多樣性的維護。 2. 提升學生在學習領域直接參與戶外教學及體驗學習之機會。 3. 了解特定棲息地內野生動植物的存在。 4. 建構生態系統的威脅、棲息地喪失及瀕危物種等概念，了解自然生態保育的重要性。 5. 學習運用批判性思考來調查受威脅或瀕危物種，探討問題的解決方案。
5	Environmental Aesthetics 環境美學： 與美感 相遇	1. 促進自然美感的欣賞能力，有助於延續及增強對自然環境及其生命的情感。 2. 強調具備相關自然科學知識，運用理性思維超越人類感官上的表象知覺（例如美與醜），才能看到萬物深層的美感。 3. 從倫理學和美學的角度來考量生態系統，強調包含關心、責任與尊重的深層美學，作為環境保護的基本觀念。以具美感和在地文化創生方式，消除校園簡陋破廐場域，並將營造過程融入教學中。
6	Green Energy 永恆綠能： 節約與 創發	1. 強調減少二氧化碳排放之必要性。 2. 學校推動節能或創能之作為，減少環境碳排負荷。 3. 學習監控能源消耗之能力，包括在課堂環境中，為自己配備適當的用具，養成日常生活的低碳習慣與行為，以適應低碳生活的模式。

編號	各獎項指標	內涵說明
7	Water Conservation 護水作為： 淨水與 再生	1. 強調節省水資源的應用模式與增進對水環境的理解。 2. 透過環境教育啟發學生對於水體保護相關概念或創意，進而在未來能夠發揮影響力。 3. 理解有意識的用水行為，養成永續的用水模式。 4. 學會權衡不同來源的智慧與價值，表達見解並尊重他人之權利，理解用水的正義及法令政策。
8	Climate Action 氣候行動： 防災及 創生	1. 了解校園及居家災害的應變或避難方式。 2. 透過行動研究來解決此環境問題（如減少災害風險），並發展科學、數學、技術及社會科學等技能。 3. 養成生活中實踐氣候變遷減緩與調適的必要技能與行動。 4. 在家中和學校學習服務性工作，認識工作世界中所需的一般知識與能力。 5. 透過職業探索與技藝學習，了解未來綠領工作之就業機會，以及不同形式工作的價值，例如有償工作、無償工作、志願工作和新創就業市場。
9	Circular Resources 循環資源： 7R一 起來	1. 強調減少一次性消費及資源再利用的素養。 2. 了解生態足跡概念及計算方式，學會根據產品的生命週期，做出明智的購買決策。 3. 縮減消費量、減少包裝和運輸距離，並落實資源回收再利用的生活。 4. 培育資源（如物資、水和能源等）循環再利用的生活技能。 5. 深化對應鏈和公平交易的知識，了解生產和消費的永續性原則。

② 2020 年至 2022 年獲獎學校及獲獎指標統計

獲獎學校	2022 獲獎指標	2021 獲獎指標	2020 獲獎指標	累積獎項
陽明國小	1	3、5、8	4、6、7	7
仁武國小	3、6、7、9		1、5	6
興糖國小		3	1、4、5	4
中崙國小		2、4、5	1	4
杉林國小	2、3、5、8			4
嘉興國中			1、6、7	3
忠義國小			3、5、9	3
陽明國中	2	5、9		3
甲仙國中	5	2、6		3
文府國小	1、3、5			3
鳳山國小			5、9	2
竹後國小		2	8	2
圓富國中	3、5			2
壽天國小	3		5	2
山頂國小		4、7		2
青山國小			2	1
成功特殊學校			5	1
鹽埕忠孝國小		2		1

獲獎學校	2022 獲獎指標	2021 獲獎指標	2020 獲獎指標	累積獎項
右昌國小		3		1
新莊國小		2		1
三民國中		9		1
阿蓮國小	1			1
福安國小	1			1
觀音國小	2			1
六龜高中	3			1
龍華國中	4			1

③ 獎牌設計：

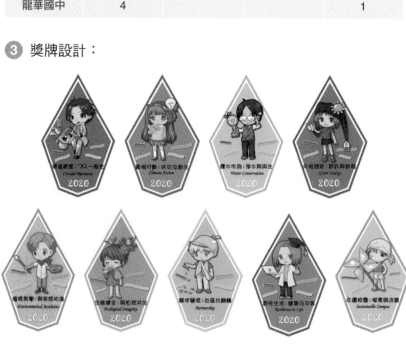

④ 獎牌設計概念：

1. 設計以「九角星形總獎牌」當底座，每獲一項指標頒給一個鑽石型「分項獎牌」，鼓勵學校得湊足 9 項指標，以拼成綠星獎總獎牌。

2. 「總獎牌」外型以九角型設計，取綠星獎 9 項指標之數，在我國文化中，九與久的諧音，數字 9 有永恆之意，也象徵環境教育及生態環境永續發展。

3. 「分項獎牌」以鑽石造型呈現，鑽石為碳原子結構，象徵描述了碳元素在地球上的回收和重複利用的「碳循環」；其又代表承諾與恆久，象徵綠星獎是生活實踐的一部分，與維護地球環境的堅持與永續發展的努力之心堅定不移。

4. 彩色鑽石的顏色有：黃色、綠色、藍色、褐色、粉紅色、橙色、紅色、黑色、紫色，剛好符合綠星獎九項指標項目，象徵邁向永續多元參與。

把脈過去、針砭現在、調養未來

「把脈過去」，我們必須盤點校園的環境元素，分析問題根源，以制定更有效的改進策略。「針砭現在」，則是勇於面對當前的困難和挑戰，透過有力的行動和改革策略，使校園成為適合學習和生活的理想場所。而「調養未來」則是維持這個螺旋變革，以敏銳的心思繼續為校園未來的舒適永續，持續耕耘。

「把脈過去」，我們發現校園環境不舒適的情況主要來自設施老舊、管理不善以及規劃設計不當等問題。舊有的設施或環境規劃不當，無法滿足現代學習和生活的需求，而管理不善則可能導致校園環境混亂，影響學生的學習與發展。因此，需要進一步了解校園環境的地理條件和演變脈絡，從中了解分析問題所在，並尋找解決之道。

「針砭現在」，察覺問題應該立即採取行動，進行設施改善和維護，以確保學校環境的舒適和安全。其次，強化校園管理，建立明確的規章制度，培養師生的自律和責任心。同時，

加強資源的合理分配，能夠滿足各方面的需求，營造良好的學習和生活環境。

「調養未來」，必須建立長期、持久的逐步改善機制，確保校園環境的舒適和優質。定期的檢討和評估，以及不斷地修正和提升我們的改善策略。同時，也須要推動全體師生共同參與，連結社區資源，形成良好的環境氛圍以維持改善成果，使校園成為一個令人愉悅和適宜學習的地方，甚至藉以爭取環境教育的相關榮耀。

總之，把脈過去、針砭現在、調養未來是我們改善校園環境不舒適的綜合策略。透過理解過去問題的來龍去脈，積極解決當前問題，並長期調養未來，打造一個融合社區且舒適宜人的校園環境。

第三章

打造環境永續為主軸的綠博物館

國立科學工藝博物館以「環境的永續」、「經濟的永續」、「文化的永續」、「社會的的永續」四項指標融入各種展示、教育活動和建築體之利用與維護，以達成「培養人人都是科學人」為使命，建構「科技生活化，生活科技化」之綠博館。

國立科學工藝博物館不僅是收藏歷史文物的場所，更是融合文化、教育與娛樂的多功能場域。「尋找貪吃鬼」讓我們看見低碳飲食可以減少食物生產、運輸和消費所排放的碳足跡，對個人健康有益，更有助於減少溫室氣體的排放。

「希望‧未來──莫拉克風災在紀念館」讓我們看見蒐藏災防的當代新觀念。時代不斷變遷，科技日益更新，但是努力的足跡會被記錄下來。感恩國立科學工藝博物館發揮館藏各項專業資源，為全民服務，為戶外教學打開科普之窗，為 EST 三方共構，注入學習能量，結合慈濟和教育局三方的資源，為推動永續發展的環境教育挹注更雄厚的能量與資糧。

01 探索綠色夢工廠

擘劃綠色願景 —— 綠博物館

楊憶婷（國立科學工藝博物館）

基於現今全球暖化議題日益嚴重，保護地球資源成為當前社會的重要課題，以肩負社會教育功能為使命的博物館，必須對此有所回應和積極作為。而「綠博物館」的概念正是當今博物館發展之趨勢，專業社群對此也有極大的興趣和回響。所謂「綠博物館」，係指一個博物館將環保永續的概念融入各項館務之運作，包括展示、教育活動和建築體之利用與維護等。

國立科學工藝博物館（以下簡稱科工館）自2010年起，提出綠博物館願景計畫，構築生活科技化、科技

生活化之「綠博物館」，
秉持永續發展理念，結
合環境保護的創新綠色
管理，以善盡社會責任，
持續累積永續經營的綠
色競爭力。以「培養人人
是科學人」為使命，建
構長期組織願景，積極

推動永續發展十餘年。主要透過博物館營運在展示、教育、蒐
藏、研究、休閒的全方位業務，以生活化、育樂化、體驗化原則，
持續加強專業、友善、創新的行動成果，達到永續發展之願景。

推動永續發展四大面向

　　永續的意涵著眼於以全球觀點衡量，包含「環境的永續」、
「經濟的永續」、「文化的永續」、「社會的永續」四大面向，
建立環境保護、成本控管、文化傳承及社會責任發揮之永續發展
策略。

1. 環境的永續：強調透過「綠建築」、「綠景觀」、「綠色產品
   應用」、「展示或教育資源回收利用」等策略加以落實。

2. 文化的永續：將環保及資源再利用的原則，徹底落實於館舍建築的整治維護及各項業務的執行，除了規劃有教育宣導功能的主題性展覽及教育活動，全館的水電、空調系統、展覽方式及用材、內外環境的空間規劃與設施等，無論是新建或更新案，都能融入環保和節能之訴求，盡其所能地達成綠博物館應有的表現。如此才能以自身的成果為範例，將全館內外的作為和表現作為推動綠色行銷教育素材，真正落實環保節能觀念，推動全員綠行動，建立環保優勢文化。

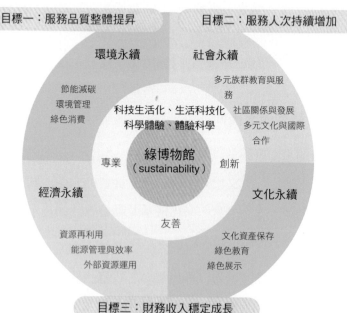

3. 經濟的永續：延續上述第 2 點進而由「健全財務機制」、「降低營運成本」策略加以落實，重視環保成本效益，提高現有資源利用，擴展外部資源推動環保工作。

4. 社會的永續：致力於「拓展多元參與」，追求社會公平正義，並積極「推動社區環保活動」、「建構社區共享綠化園區」，以獲得社區的認同與回饋。

　　科工館持續以友善、專業、創新的服務品質政策，建構「科技生活化、生活科技化」邁向永續發展的「綠博館」願景，藉由「科學體驗、體驗科學」的營運精神，以達成「培養人人都是科學人」之使命，並以「微笑」、「熱忱」、「主動」、「耐心」、「當責」的服務態度，讓科工館成為「大家喜歡來、常常來、來了還想再來」的博物館。在南臺灣，科工館已漸漸成為重要的博物館典範。

蛻變綠色園地——科工館綠建築

葛子祥（國立科學工藝博物館）

綠建築的思潮最早起源於七十年代的兩次世界能源危機，建築界因為石油恐慌而興起了節能設計運動，並同時引發了各種環境設計思潮的主流，因而形成最新的綠色建築理念（伍世雄，2010）。

聯合國全球永續發展宣言對「綠建築」的定義為：「在經濟與環境兩個問題中有效率的利用僅有的資源並提出解決的方法，進一步改善生活的環境就是所謂的綠建築。」（江哲銘，永續建築導論，2004）。

一般稱「綠建築」者，係指本身及其使用過程在「生命週期」中，如選址、設計、建設、營運、維護、翻新、拆除等各階段，皆符合「環境友善」與資源有效運用的一種建築（維基百科，2023）。當然，綠色建築在設計之初，就該嘗試從人造建築與自然環境之間取得一個平衡點，所謂「被動式設計」理念。

自 1998 年起，綠建築已成為國際學術用語，臺灣將綠建

築定義為「生態、節能、減廢、健康」的建築物（林憲德，2007），訂定自己的綠建築標章與其他國家不同，由建築技術規則的法律層面直接要求配合執行。同時又從「消耗最少地球資源，製造最少廢棄物」，擴大為「生態、節能、減廢、健康」的建築物，甚至是經過「建築物能源基準盤查」碳排放達到完全淨零的建築。

自軟硬體多面向邁向綠博物館

國立科學工藝博物館（以下簡稱科工館）為邁向「綠博物館」計畫，其中環境面向之建築子計畫正積極研究改善硬體實務，包括外殼遮陽、雨水回收、植栽綠化等各類策略手法，積極努力取得綠建築標章認可，例如 2008 年南館新建「樂活節能

屋」是獲得黃金級綠建築標章證書，而北館以舊建築物空調工程及設備改善，經減碳效益評估法檢討於 2014 年也獲得銅級綠建築標章認可，並經 2017 年及 2022 年二度續用，至 2027 年持續有效。

在實質推動與教育結合面向，於 2012 年獲得「環境教育場域」認證，持續辦理環境教育課程，至少三次評鑑以上獲得優異成果。而 2019 年也獲得環保署「環保育樂場所」之銀級認證。同時配合增設屋頂太陽能光電板（兼顧降溫與防漏水），以及外牆遮陽、儲集雨水循環再利用等措施，以達到綠建築目標。

在節能制度方面，於 2015 年獲 ISO50001 能源管理系統認證，依據科學方法與 PDCA 精神持續檢討能源績效，每年於四省專案（水、電、油、紙）均有明顯的成長。更於 2015 年榮獲經濟部節能績優獎之（行政組）績優獎與高雄市政府智慧節電計畫（機關組）第一名、2019 年榮獲經濟部節能標竿表揚（行政機關組）銀獎、2021 年更榮獲經濟部節能標竿表揚（行政機關組）金獎殊榮。

原本是六號公園變身成為博物館，在生態環境維護上確實不容易，不僅要顧及生態相的豐富以及物種平衡，還須顧及民眾或旅客的需求。於是科工館有各項作為，包括路徑安排四季花色、百年老樹培育專區、落葉堆肥與生態復育區、民間團體持續贈樹、培育樹苗分送民眾、水土保持的截水溝與擋水墩、排水溝改善、分區設置雨水貯留回收桶、更新噴灌系統與回收

水循環再利用。

　　如今現場早已蛻變成綠色園地，更出現多樣的生態物種，包括蒼鷹、黑冠麻鷺、迦鈴八哥、啄木鳥、松鼠、蜥蜴、白頭翁、綠繡眼、麻雀、蜻蜓、椿象、蝴蝶、飛蛾等等。

　　科工館同時加強關照旅程服務滿意度，更細緻地推出積水調查與路平專案、汽機車動線區隔、戶外遮陽措施、一哩亭戶外雨庇、數位防災馬達等，以及運動散步健康告示牌、QR Code 環境教育說明牌、戶外教學資源合作與導覽解說等各類服務，讓科工館不只是散步運動的好去處，更在任何角落都能學習到永續環保的綠色知識與體驗。

享受綠色生活——樂活節能屋

蕭德仁（國立科學工藝博物館）

「樂活節能屋」座落於國立科學工藝博物館南館，興建面積為 $231m^2$（70 坪），室內總樓地板面積為 $606.5m^2$（約 184 坪），展示空間分為三層樓。這座節能建築由經濟部能源局支助，工業技術研究院建造，並結合科工館的環境教育理念而成。

樂活節能屋主要是藉此展示屋材料展示材料、構件、系統的節能建材之功能，供民眾參觀教育，了解節能建材與節能相關產品應用於建築物上的節能與舒適效應，以改善能源使用浪費的情形，促進社會大眾對建築節能的認知並帶動應用，是南部節能屋之實體展示平台，讓民眾藉由實際參觀、體驗及研習活動的過程，推動節能減碳教育，為國內重要節能減碳教育及家庭親子學習的場域。

樂活節能屋藉由建築設計、外殼隔熱、高效能設備、水資源利用及整合潔淨能源之應用等五項設計重點，達到大幅減少建築能源使用，節電量可達 70% 之效果，並通過綠建築標章之綠化量、基地保水、日常節能、二氧化碳減量、室內環境、水

資源、汙水垃圾改善等七大指標，於 2008 年時獲得黃金級綠建築標章，為一棟省能、環保、綠化又舒適的節能建築。

打造環保、綠化又舒適的節能建築

其建築設計部分是承襲亞熱帶台灣傳統街屋空間模式，把房屋的方位、遮陽、以及通風這三個部分，作出最適合的設計，可節省一成以上的冷氣耗電量。

外殼隔熱部分是採用一般 R.C. 建築物加上隔熱材料（包括牆壁、窗戶，以及屋頂的綠化三個部分）。展示屋一樓是以混凝土外牆加上使用木絲水泥板隔熱建材，可以阻絕約 30％熱量的進入；二樓是以混凝土外牆加上使用泡沫玻璃隔熱建材，可

樂活節能屋外觀圖

一樓生活節能展示廳

以阻絕約 50％熱量的進入；三樓則是以混凝土外牆混凝粉刷隔熱防汙油漆，及內牆使用木絲水泥板隔熱建材，也可以阻絕約50％熱量的進入。

　　窗戶開口可使用外遮陽設施，及選用太陽能量透過比率小的窗玻璃，以避免日射熱量過大，影響室內舒適性，如展示屋一樓使用外廊加上垂直百葉，開口部進入能量可減少 61％；展示屋二樓選用清玻璃加上水平加垂直遮陽及隔熱玻璃，可有效阻絕熱能進入 40％，而無遮陽狀態下使用隔熱玻璃，也可有效阻絕 38％熱能的進入，亦是一種不錯的選擇。

　　高效率設備則是利用變頻式空調冷氣，讓主機的轉速，隨著溫度變化而改變，達到節能的效果；在照明設備的使用上，

101

選擇 T8 或 T5 高光效節能燈具，不僅可以增加照明，還可以減少用電；在日常生活節能上，採用具「節能標章」之家電，將可有效達成節能的訴求。

水資源利用除了室內全部使用節水器具外，屋頂也設置「雨撲滿」來收集雨水，作為屋頂綠化的植物澆灌之用。另外利用基地的雨水貯水池，不僅可以蓄水，也可以減少因颱風豪雨而淹水的機會，並且可以調節氣候。

至於潔淨能源的應用，則是在展示屋之斜屋頂裝設太陽光電板，將太陽能轉換成能使用的電能，及太陽能熱水器提供熱水，以降低對傳統非再生能源之需求，並減少對環境之汙染。此外，還有燃料電池系統展示，利用氫氣及氧氣的電化學反應產生的能源，是一種潔淨的未來能源，也是未來能源開發的趨勢。

02

創新環教展示

氣候變遷新思維——「氣候任性・臺灣韌性」展示

蘇芳儀（國立科學工藝博物館）

　　國立科學工藝博物館氣候變遷展示廳以氣候變遷報告（Sixth Assessment Report, AR6）為基礎推出「氣候任性・臺灣韌性」特展，分析「臺灣面臨的衝擊、因應與調適」、介紹「臺灣氣候科學家的工作」、理解「氣候變遷推估與氣象預報的不同」及「氣候資料在地化的重要性」，透過生動的插畫、淺顯的語彙及多媒體互動展示，讓更多人民了解政府的政策、科技研究成果及全球正在關心的環境議題。

展示新型態 —— 常設展與特展結合

　　本特展以「特展常設展化，常設展特展化」的展示型態進行規劃製作，讓展品兼顧巡迴展（可拆／組）及常設展態樣，除了可獨立巡迴外，亦能融入常設展內展示。

　　A 區「與氣候共存」、B 區「任性與韌性」以組合式展架

及漫畫圖板方式來進行設計，展架及圖板方便拆解、打平儲藏及搬運，以達到輕量化、易搬運、可再利用及環保永續等概念。C區「氣候如何推估」則是利用原展示廳內展牆來擴充與設計，採不易因博物館環境時空的轉換而更換之內容進行規劃，內容主題為介紹台灣科學家如何進行氣候推估、科學探查與研究。

未來環境新思維 —— 問卷調查

　　特展展出期間進行問卷調查，除了進行滿意度調查外，更以保護動機理論（PMT, Protection Motivation Theory）為概念進行問卷調查，分別探討以下兩個問題：（1）威脅評估：民眾對於氣候變遷威脅的風險認知；（2）因應評估：為了減少暴露在風險危機中，要付出一些個人利益或者金錢，其意願如何。

「氣候任性‧臺灣韌性」
特展展場實景

以漫畫圖版方式詮釋艱澀
的科學研究與發現

　　問卷結果統計發現，71.6% 的民眾對於氣候變遷造成的高溫、海平面、與降雨不均現象感到「擔心」；對於「降雨不均」有 71% 的民眾感到「非常擔心」；72.5% 的民眾願意付出自身利益，不論是行動或是金錢來支持各種調適因應政策；80% 的民眾對於政府及學研單位刻正進行的各項氣候變遷調適推估計畫，以因應其帶來的衝擊，表示「同意」支持。

結語

　　科工館擁有全臺灣第一個「氣候變遷」常設展示廳，並具備環境教育及深耕災防的各項展示教育活動，可在這個重要的議題上扮演關鍵性的角色，並擔任重要的傳播溝通平台，協助完善氣候教育制度，結合多方「資源」通力合作，期望善用產

官學研究資源，整合既有的氣候變遷教學資源，長期規劃具區域特色之氣候教育展示，以達成 1+1>2 加值服務。

本特展於展出期間共 19,104 人次參觀，假日辦理 30 場定時導覽，共服務 452 人次，並於展期中辦理相關活動，包括「聽到氣候變遷，你會想到什麼？」投票活動、AR 濾鏡拍照等。統整問卷發現，展示有效強化民眾氣候變遷威脅的風險認知，對於氣候變遷造成的高溫、海平面、與降雨不均現象感到擔憂，且願意付出自身利益來支持各種調適因應政策，更進一步讓民眾了解政府及科研機構在氣候變遷調適工作上所作的努力。

低碳飲食新玩法——「尋找貪吃鬼」展廳實境解謎

楊傑安（國立科學工藝博物館）

　　現代博物館已不僅僅是收藏歷史文物的場所，更是融合文化、教育與娛樂的多功能場域，各地文化據點不斷創新，透過別出心裁的節慶行銷，吸引人們用不同的視角重新探索場域，同時提供寓教於樂的機會。國立科學工藝博物館今年亦運用節慶行銷，透過世界地球日，為大眾帶來嶄新的展廳實境解謎遊戲。透過遊戲串聯三個展示廳——烹調的科學、氣候變遷、夢想號，引領民眾進一步了解低碳飲食的觀念，並由此認識世界地球日所強調的環保理念。

　　「低碳飲食」被譽為當今環保時代的重要議題，其定義在

影片二選一

民眾至烹調的科學展示廳進行解謎

於減少食物生產、運輸和消費所排放的碳足跡。這種飲食方式不僅對個人健康有益，同時也有助於減少溫室氣體的排放，從而保護地球環境。

解謎遊戲以一隻可愛的狗狗偵探為主角，從動物視角出發，將參與者帶入博物館的不同展廳。藉由狗狗特殊的嗅聞視角，能夠引起參與者的好奇心，更將整個參觀過程變得生動有趣。這樣的設計不僅能夠吸引不同年齡層的參與者，也增加了參與遊戲的樂趣，進而提高參與者對於吸收知識的接受度，並促進參與者對低碳飲食理念的理解。

尋找貪吃鬼活動海報

不僅僅是一個解謎遊戲，「尋找貪吃鬼」更是一個引人入勝的故事。遊戲設計讓參與者可以在遊玩的同時學習，他們可以選擇一邊探索展廳，一邊參與解謎，或者選擇一邊品味展示廳的內容，一邊跟隨狗狗偵探的足跡。與傳統的解謎遊戲不同，這款遊戲不需要用到任何紙本，只需動動手指，

打開手機即可輕鬆參與，極大地提升了參與者的自由度。

遊戲教育成為推廣環保議題利器

　　遊戲教育是一個富有前景的領域，它不僅可以激發人們的學習興趣，還可以培養他們的問題解決能力、團隊合作能力等多方面的素養，讓人們可以在遊戲中同時學習和娛樂。無論是成人還是小孩，都能在尋找的過程中找到樂趣和成就感。

　　目前為止，此活動共收到 715 份線上問卷，參與者皆有極高的滿意度，非常滿意項佔 56.9%，滿意項佔 23.2%，而在開放式建議提出的心得亦皆正向。由此可知，「尋找貪吃鬼」展廳實境解謎遊戲是一個展現創意和教育價值的嶄新嘗試。

　　博物館運用節慶行銷的策略，將環保議題巧妙地融入遊戲中，吸引參觀者關注低碳飲食和環保理念。透過狗狗偵探的視角，遊戲引發了參觀者的好奇心，同時透過解謎的方式將知識傳遞給大眾。這種創新的教育方式不僅展示了博物館的創意和使命，也為人們提供了一個愉快的學習環境。未來，我們可以期待更多類似的創新活動，通過遊戲教育的方式，將知識傳播得更加廣泛，讓更多人參與保護地球環境的行列。

水保防災新觀念——島嶼關鍵字特展

徐采薇（國立科學工藝博物館）

　　由農業部農村發展及水土保持署、國立科學工藝博物館共同籌畫的「島嶼關鍵字——水保防災起步走巡迴系列」特展，自 2016 年 5 月推出至今，已巡迴全臺 20 處社教館所，影響 120 萬人，深受親子觀眾及學校團體的喜愛！（最新推廣人數：1,229,149 人）

水保新體驗

　　「島嶼關鍵字——水保防災起步走巡迴系列」特展分為三系列：「認識我們的島」（島）、「和土地在一起」（水、土），與「與災害共存」（人），分別以「島」、「水」、「土」、「人」等作為關鍵字，啟動水保防災學習歷程。關注我們生活的島嶼，了解這塊土地上的故事，理解到我們身處環境所包含的優勢及風險，進而學習坡地防災避難的知識。

　　此特展係以農業部農村發展及水土保持署出版品《小魚的祕密假期》及《爺爺的魔法書》為基礎開發，帶領大家認識我

們生活的這座「島」，包含臺灣的地形地質特色。接著近一步了解島上有關「水」與「土」的大小事，諸如山坡地保育、野溪治理、崩塌地復育。隨著環境變遷與「人」的交互作用，就有可能發生災害，了解並應用災防科技，便能保障自身安全！

展出內容透過寓教於樂的體驗單元，邀請觀眾體驗趣味互動及模擬操作，配合學習手冊及闖關卡，學習水土保持及坡地防災知識。完成任務，即能成功變身水保防災知識達人！

防災新觀念

最新的展出內容，更加入國家災防救科技中心指導的「災防示警學習體驗模組」，透過民生示警公開資料平台資訊，以 AR 互動模擬面對颱風、地震、海嘯、土石流、降雨及空汙等災

松山文創園區展出

蘭陽博物館展出

111

害示警內容及應變作為之學習。一起關注與我們息息相關的「島嶼關鍵字」，展開環境、防災議題的思考與實踐，回應將要發生的未來。

巡迴遊臺灣

本巡迴特展在規劃之始，即考量展品的移動性，除了可獨立巡迴外，亦能融入各個館所之既有展示區域。

自 2016 年以來，本特展曾造訪全臺北中南東各館所，包含：中正紀念堂、慈濟基金會台南分會、國立公共資訊圖書館、松山文創園區、花蓮文化創意產業園區、蘭陽博物館、國立臺灣史前文化博物館、九二一地震教育園區、國立臺灣科學教育館、馬祖圖書館、國立海洋科技博物館、金門縣文化局、臺灣客家文化館、國立海洋生物博物館、澎湖生活博物館、墾丁福華渡假飯店、花蓮慈濟靜思堂、豐泰文教基金會等。期待透過持續巡迴，讓水保防災學習能量、循環不息。

03

環教互動教具 FUN 手玩

與海洋對話──讓海洋教育進入你的生活

劉佳儒（國立科學工藝博物館）

海洋是地球上最大的生態系統，覆蓋約 7 成的地球表面，有許多的生命棲息在海洋中，為我們提供了食物、能源、運輸、娛樂等多項資源。在科技的進步中，海洋資源的開發與利用也愈來愈受到關注，為喚醒對海洋的認識、保護和永續利用，聯合國自 2009 年起，指定 6 月 8 日為「世界海洋日」。臺灣與世界同步，自 2019 年起也明定同一天為「國家海洋日」，提醒不忘共同守護海洋的決心。

為了推動海洋教育，海洋委員會和國立科學工藝博物館特別開發了一系列有趣又好玩的海洋教育主題教具，不僅透過教育手法創新，讓民眾了解海洋資源與環境，還提供了趣味的科普展示和互動體驗，一同感受海洋的魅力。

海洋教具互動體驗

　　主題包含「海洋能源與資源」及「海洋環境」兩大主軸。透過互動體驗遊戲與問答的方式，讓民眾了解海洋能源的運用與海洋汙染的嚴重性，學習如何愛護海洋，讓海洋永續。互動體驗教具包含製造波浪，感受海洋能量體驗發電的過程；操控遙控潛水艇，一窺海洋深層水的奧祕；透過娃娃機遊戲，挑戰海洋知識；開著艦艇躲避八爪海怪投擲的海洋廢棄物，接受守護海洋的任務；彩繪海洋驛站 12 生肖吉祥物，承諾愛護海洋的行動。

1. 波浪發電：波浪發電是利用波浪上下運動高低點的位能差，驅動發電機進行發電，在體驗過程中可以親自製造波浪，感受波浪週期性上下起伏的能量，並體驗波浪動能轉換成電能的過程。

2. 行動愛海洋：
以聯合國海洋
法公約簽署儀
式及提升海洋
公民意識為構
想，將簽署儀
式轉為電子化，

透過彩繪海洋驛站吉祥物及愛護海洋行動的簽署，承諾願意
支持及落實愛護海洋的行動。教具提供 12 款「海洋行動簽署
卡」，選擇簽署卡進行著色與簽署後，即可在螢幕上看到自
己承諾愛護海洋的行動。

3. 找回海洋的顏色：海洋在調節地球溫度上扮演著關鍵角色，
但環境的變化，致使海洋面臨溫度上升、海水酸化等狀況，

嚴重影響了海洋生態系統的
平衡。在體驗教具的過程
中，可進一步了解氣候變遷
下海洋面臨的危機與人類行
為對海洋造成的影響。

國立科學工藝博物館結合海洋委員會資源共同推動「海洋教育巡迴推廣計畫」，目前已在臺北、臺中、高雄、小琉球、澎湖等地區巡迴推廣，後續仍持續將活動推廣至各地，鼓勵民眾藉由動手體驗，學習海洋教育相關知識與應用，培養對於海洋議題的認識，將親近海洋、愛護海洋落實在生活中，讓海洋永續發展！

水與爭鋒——以行動教具體驗節水科技

劉佳儒（國立科學工藝博物館）

　　國立科學工藝博物館（以下簡稱科工館）為擴大環境教育的服務根基，近年來因應全球環境問題，辦理過多場次的教育宣導活動，並積極與政府機關及基金會等合作進行各項以水資源為議題的推廣活動。其中因應南部枯水期面臨的缺水危機，長期與經濟部水利署合作推廣節水教育，利用互動性教具與實驗，將珍惜水資源觀念轉換成趣味的闖關活動，以提升學生及民眾對於水資源議題的重視。

環境教育設施場所，推動水資源教育深具意義

　　臺灣長期面臨缺水困境，近年來旱災頻率變高，雖然有雨水的滋潤，但豐水期一過，馬上就會面臨枯旱的困境，造成大家生活的不便。除了水利設備改善外，節約用水更是關鍵，因此水資源教育變得至關重要。科工館於 2012 年取得環境教育設施場所認證後，結合環境教育的推動，透過活動資訊的傳遞、相關展示與現場體驗活動，在推廣水資源保護意識的議題上與

博物館教育呈現相輔相成之效，也讓節約用水的理念能更落實推廣於生活中。

趣味教具闖關活動，探索水資源寓教於樂

　　活動模式以生動有趣的 DIY 闖關遊戲為主，讓民眾透過動手實驗、觀察、探索，學習相關知識。主題涵蓋了水資源、生活與環境的連結，每項教具都設計成具有互動操作性，內容包含有比較傳統及省水馬桶結構及用水量差別的「馬桶大不同」、以投籃機進行節水知識問答的「節水好投」、藉由體驗汲水幫浦了解日常用品和食物水足跡的「節水小百科」、觀察傳統與省水水龍頭出水量差別的「水龍頭比一比」及以 667 支寶特瓶實際堆疊出一度水的「1 度水知多少」等，讓參與者在趣味闖關

關卡人員講解一般水龍頭
與省水龍頭出水量的差異

活動中培養用水觀念，並結合科技生活化理念，促進民眾在日常生活的落實及應用。

環保科技扎根，推廣節水行之有年

　　活動已於科工館辦理多年，近年更巡迴至臺北、臺中、澎湖等地區，充分運用在科技教育活動方面豐富的經驗，針對區域性和在地化議題進行教育推廣，並持續發展創新客群，提供各年齡層民眾學習。多年參與的民眾皆對活動印象深刻，透過教具操作體驗，可以了解水資源對環境的重要性，拉近愛護水環境與日常生活間的距離，並從中落實珍愛水資源的行動。

民眾挑戰「節水好投」，學習節水知識。　　「馬桶大不同」關卡讓民眾了解省水馬桶和一般馬桶的差異

04 典藏環教文物

報天氣防釀災——防災文物蒐藏與研究

葛子祥（國立科學工藝博物館）

蒐藏災防的當代新觀念

國立科學工藝博物館為延續六樓「希望‧未來——莫拉克風災紀念館」成立宗旨與策展經驗，針對災後文物復原與蒐集非常不容易，而整備防災的歷程更是持續進步而科技物件持續散失，特別突顯出「當代蒐藏」理念是「為未來世代蒐藏」的重要性，故於 2020 年成立「災防科技文物蒐藏與研究」專案計畫，關注各類災防科技文物的傳承變化，盡可能記錄與研究這些歷史過程與貢獻價值，甚至進一步給予科技物件適當的保存與維修，盡一份博物館的力量。

蒐藏合作單位的獨特性

「災防」就是災害防救，其發展隨著氣候變遷益顯重要，

我國也正式成立法律規章進行推動與規範，其範圍廣闊涉及各類天然災害（火災、颱風、地震、旱災、寒害、土石流及大規模崩塌災害、火山災害），以及人為災難（爆炸、公用氣體與油料管線、輸電線路災害、礦災、空難、海難、陸上交通事故、森林火災、毒性及關注化學物質災害、生物病原災害、動植物疫災、輻射災害、工業管線災害、懸浮微粒物質災害）。更從預防、應變到復原重建之不同階段，由中央到地方各級分工負責，也讓防災防業務與科技加強進展。然而，快速淘汰的科技物件，就任其被淹沒在歷史的角落嗎？

有鑑於災防科技文物的快速淘汰，科工館特別針對變動明顯的單位爭取合作，目前接觸單位有交通部氣象署、農業部水保署、經濟部水利署等，所包含的範圍有氣象監測儀器、舊式地震儀、水土保持與農村發展歷史器材、與水利工程實驗機具等。

例如早期氣象局地震測報中心於 1899 年購置的大森氏地震儀，以及 1928 年的威赫氏地震儀，均採用煙燻滾筒以記錄震波，纖細的探針與連桿，這些具備有趣科學原理的儀器，雖然功成身退，但其日夜相伴、耐人尋味的風姿，猶存在人們心中。

重活起來的科技歷史故事

當這些退役的災防科技文物陸續進入科工館庫房後，四散的零件被重新歸類整理，尋覓各種方法重組更新，邀請老友故人回來重溫舊夢，一步一步地從記憶中搶救回來。經過維護同仁專業細心的努力，讓老舊殘破的地震儀開始動起來，真的令許多資深氣象人員非常感動。

我們常說預報天氣可以防範災禍，但早期電腦不夠精良，導致測報有一定誤差，令人扼腕。大家想知道被淘汰的超級電腦到底有多大嗎？可以來北館開放式典藏庫房現場尋找老故事。

原來時代不停進步，但是作過的努力會被記錄下來，而科工館永遠在我們身旁陪伴著，不論防災過程中有沒有你我。

古文物新生命——文物也需要有健檢中心

吳慶泰（國立科學工藝博物館）

當時間所累積的痕跡烙印在文物身上時，我們都可將其視為古文物，這些文物如果因其藝術、科技、獨特性等乘載著高度人文的訊息，透過國家機制可以將其指定為古物、重要古物及國寶等。如何能呈現上述的訊息，則必須仰賴歷史與人文的調查，還有科學儀器的佐證，方能提供具體而完整的驗證，讓民眾了解古文物的價值。

國立科學工藝博物館文物健檢中心在 2012 年起便扮演著古文物檢測的角色，透過專業的檢測人員及科學儀器，提供古文物成分與保存狀況的鑑定，如文物狀況必須透過修護或環境改善等方式進行醫治時，議會協助讓其重獲新生，得以延長保存與使用年限。

科學檢測的運用

在文資保存領域中，運用現代儀器輔助以獲得修復前所需的訊息，已是普遍採用的方法。選擇合適的檢測方法，經過專業人員的操作儀器與判讀，進一步分析古文物的內部構造、材

料成分、工藝技法與歷年修補區域等資料,同時結合由學者研究的文獻資料,統整成為一「整合性文物研究分析」。這不僅顯示人文與科學跨界合作具有實質價值及意義,亦是目前文物研究中的趨勢。

圖1)一般文物攝影(攝影/吳慶泰)

圖2)文物拍攝前檢視(攝影/吳慶泰)

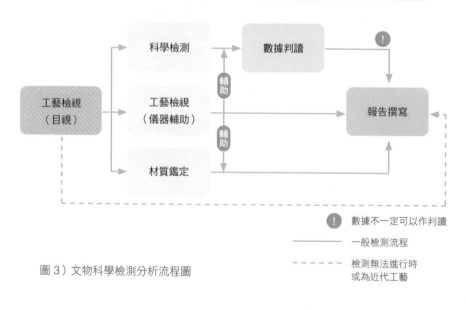

圖3)文物科學檢測分析流程圖

1. 光學調查法

目前文物最常見的科學檢測方法，為可見光檢視（圖1）、紅外線、紫外線及 X 光，上述這些方法在日本又稱作「光學調查法」（圖2），後續為了對表面顏料有進一步的了解，再添增 XRF 檢測，檢測流程如圖3所示。

2. X 光

X 光在 19 世紀末便已開始應用在醫療檢測上，目前也普遍運用於博物館及考古領域中。不同物質對 X 光射線的吸收率與穿透率也各自不同，因此在影像呈現中會根據物質的密度，呈現深淺不一的黑白對比影像，研究人員便能以此判讀出相異的物質，進一步檢視文物的「內部結構」、「工藝技法」或「使用功能」等。

X 光拍攝檢測時，擺放順序為 X 光源、文物、顯影板成像（圖4）。操作儀器的專業人員，還會透過調整電壓、電流，來使影

圖4）可見光與 X 光檢測對照（資料來源／《109 年澎湖縣私有一般古物文澳城隍廟「視觀察」區清潔維護計畫》，2019 年；攝影／吳慶泰）

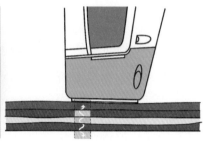

圖5）檢測人員進行儀器準備（攝影 圖6）XRF檢測示意圖（繪製／吳慶泰）
／吳慶泰）

像成果有較好的穿透力、清晰度及明暗。文物擺放位置建議應
與顯影板貼近，避免影像變形或輪廓不清。另外需特別注意的
是，操作人員應具備有有效游離輻射證照，檢測空間應具有阻
隔輻射之環境，確保相關人員在安全的環境下工作。（圖5）

3. XRF

XRF 的檢測過程可以理解為 X 射線撞擊元素，使得內部電
子受到激發而變成不穩定的游離電子，為保持內部軌道穩定，
外層（高能階）電子會往內遞補（回到基態），該電子遞補的
能階變化即為該元素之特性 X 射線（螢光），此螢光經 XRF 儀
器偵測器所測得其能量及強度即為檢測數據。文保人員便可以
從數據中判讀出文物所含的元素成分。（圖6）

保存科學的困境

以往臺灣執行科學檢測時，修護師常需身兼檢測人員，除了有工藝方面的研究外，還得參與相關教育課程、取得科學檢測的相關執照，或從實務中累積案例經驗。但近年臺灣文物普查需求增加，文資保存又是一項很需要跨界整合的行當，目前文物修護以外的專業人員稀缺，臺灣在此領域起步晚，相關案例不足且相關研究較少，期盼未來有更多資源挹注。

第四章

邁向淨零和永續
慈濟的創新解方

1990 年證嚴法師說：「用鼓掌的雙手做環保」，開啟了慈濟的環保志業。慈濟志工秉持著「愛地球，做就對了」，把鼓掌的掌聲換做環保的實作，實踐「垃圾變黃金，黃金變愛心，愛心化清流，清流繞全球」！

從「循環經濟」到「災害救助」，大愛感恩科技的環保賑災毛毯，截至 2022 年底已經發放 133 萬條送達 46 個國家地區。匯集眾人的愛心，將台灣人的「愛與善」送至全球各地，溫暖災民身心。所以李鼎銘師兄說：「在環保站做環保，就是在做國際賑災。」

面對「2050 淨零排放」挑戰，慈濟以 NGO 的角度，不僅要以「慈悲行動」對治全球氣候變遷，更要用「智慧創新」邁向地球永續發展。在大地環保、環境教育及身心靈等三方向，以十大創新解方，推動全方位的「淨零和永續」行動。

同業共善、異業結盟，擴大環境教育影響力。感恩高雄 EST 因緣，培養出許多在地推動環境教育的年輕生力軍，實踐清淨在源頭，讓環境更美好，社會更祥和，共創永續美好的未來。

01

大地環保的創新行動

一句話的神奇力量～「鼓掌的雙手做環保」

慈濟基金會環保推展組

1990 年 8 月 23 日，證嚴法師應吳尊賢文教基金會之邀，於臺中新民商工演講。清晨出門，見夜市收攤後，街上留下大量垃圾心有所感慨。於是在演講中，大家熱烈鼓掌之際，法師期勉信眾：「人說臺灣是寶島，而我說臺灣是淨土，有青山、有綠水，如果大家有心來整頓會更美，希望大家能以鼓掌的雙手做環保，回去將垃圾分類、做資源回收，建立人間淨土，這是我所期待的。」（釋證嚴，2006:92）

慈濟環保大願行（圖片提供／慈濟基金會）

法師一句「用鼓掌的雙手做環保」的呼籲，臺中豐原的楊順苓立即起而行動，在鄰里間推動「資源回收，贊助慈濟」。從此之後，善的效應如漣漪般擴散開來，慈濟人紛紛響應，從社區出發，帶動左鄰

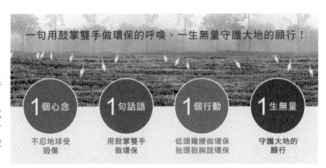

一句用鼓掌雙手做環保的呼喚、一生無量守護大地的願行（圖片提供／慈濟基金會）

右舍投入資源回收，其影響更是遍及全臺各角落，低頭彎腰做環保成了全民運動。

他們不分年齡、階層、背景；他們不辭辛勞、不嫌髒污、風雨無阻地身體力行在這條堅定的環保路上；他們將「做環保」視為一生志業，個個秉持著一個「不忍地球受毀傷」的單純心念，將大愛化為行動，用那一雙最美的手，展現對環境的疼愛，一生無量地守護大地的願行，期能與地球共生息，為永續努力。

三十餘年的歲月，從一雙手開始到千手、乃至萬手，成為推動改變世界的手，帶動全球守護大地。至 2022 年，慈濟的環保志工遍佈全球二十個國家，志工人數達到十萬多人，他們默默付出，以雙手的力量，牢牢地扎根在這片土地，甚至開風氣之先，在人生的最後，更是捐出大體，化無用為大用。

環保站不只環保站！

慈濟基金會環保推展組

2016年5月，美國《華爾街日報》刊出一篇報導，標題是「臺灣：全世界垃圾處理的高手」（Taiwan:The World's Geniuses of Garbage Disposal），盛讚臺灣資源回收率高達55%，不僅遠優於美國的35%，與德國、奧地利等環保模範國相較亦不遑多讓。

慈濟環保從30多年前，證嚴法師輕輕的一句話啟動善效應與善接引，扎根臺灣擴展到世界，臺灣環保回收的成就，成為「共行共善」的「臺灣之光」。有關循環經濟或環境保護議題，每年不分政府或私人團體單位，接待來自世界五大洲訪賓，慈濟回收園區均是指定參訪的重要指標區；2019年「臺灣循環經濟高峰會」，聯合國環境總署來臺參訪，慈濟回收園區成為聯合國環境總署訪賓參訪的指定參訪區之一。相當多來自海內外的企業團體、政府機關與教育單位，已將前往慈濟體驗環保回收列為戶外教學環境教育的指定地點。

各地環保志工平常用心「低頭做環保」，讓福從做中得歡喜；每有訪賓與外賓參訪，不管是三歲小小環保志工到年長的

百歲人瑞，因為「做中學、學中覺」，人人練就「抬頭說環保」的真心、真情、真實在分享的功力。

　　慈濟的環保站、回收點分布全臺各社區，除了推動精緻回收分類、寶特瓶再製為衣褲鞋帽及毛毯等生活用品，以及提升環保自覺的社會教育外，從單純的「將垃圾做分類回收」功能，發展到社區健康與照顧及關懷的據點，也扮演「日間托老」及「社區長照」功能。來到環保站的長者每日固定量測血壓，並定期參與健康促進與衛教講座，在投入做回收分類愛地球的同時也不忘要愛自己。環保站與環保點是環保教育中心、也是社區的關懷中心。

　　環保站除了帶來實際的環境效益，也鼓勵長者社會參與，投入社區多元服務與活動、促進健康，從而降低社會醫療成本與負擔。2021 年全臺血壓量測 118 站，累計血壓量測逾 9 萬筆，

環保站也是社區健康與照顧及關懷的據點（圖片提供者／慈濟基金會）

全台輔具借用可觸及 20,064 戶次。而另一方面，這樣的模式也將資源回收從對「大地」的守護，衍生出對「人」的關心。這些環保站把社區的資源網絡串連起來，成為左鄰右舍需求通報站，若有發現社區間有經濟、醫療等需求的家庭，將提列需求並予以援助。

從一件毛毯談循環經濟到災害救助
～慈濟的環保毛毯

大愛感恩科技

每一件大愛環保賑災毛毯是匯集眾人的愛心，將充滿臺灣人的「善」送至全球各地賑災現場，溫暖受災民眾身心。環保毛毯起源於證嚴上人鼓勵實業家（企業家）弟子發揮良知良能，致力研發兼顧賑災即時性與環保再生理念的物資，遂於 2003 年 11 月成立慈濟國際人道援助會。

人援會是依不同行業分別為衣著、食品、住屋、行輸、資訊通訊等五組實業家（企業家）志工組織而成，透過以自身的專業與資源積極貢獻力量，平時定期研發並在有災難的時候即時配合供應災區援助工作之各種物資需求。

2006 年證嚴上人首次提出：「廢棄寶特瓶是石化製品，就像尼龍等紡織原料，何不嘗試將廢棄寶特瓶回收來，研發讓回歸原料，除了可減少石油的開發外，再重製成紡織再生製品，可用於急難救助、國際賑災呢？」

因緣漸趨成熟，這番話啟發了一群實業家（企業家）組成的慈濟國際人道援助會志工，因憂心千年不化的寶特瓶對地球生態的影響，開始將慈濟環保菩薩所回收的廢棄寶特瓶，整合紡織業上、中、下游廠商，共同發展出專業製程，將廢棄寶特瓶化身為大愛環保心品，所研發之「環保毛毯」就此投入賑災物資行列。

環保毛毯成推廣環境教育活教材

　　2008 年為了積極推廣將廢棄寶特瓶回收再生與呵護地球的理念，同時也為護持慈濟四大志業，慈濟人援會的五組召集人，經證嚴上人慈准於 12 月 10 日正式捐資成立大愛感恩科技股份

一條愛心毛毯的故事（圖片提供者／大愛感恩科技）

有限公司,為國內第一家以環保為宗旨的公益社會企業平台,也賦予了大愛環保心品「友善大地,關懷世界」的人文意涵。大愛感恩科技的股權及每年盈餘全數回饋給予慈濟基金會,作為國內外賑災及社會公益之用途。

由廢棄寶特瓶做的環保毛毯,堪稱「慈悲科技」的代表作,環保菩薩「清淨在源頭」嚴格把關回收過程,再加上「國際人道援助會」慈濟志工的專業,善用紡織本業專長,將廢棄寶特瓶洗淨切片、熔製成酯粒,抽製成長纖維「大愛紗」,才能製造高品質的紡織品。

以回收 PET 寶特瓶再製成化纖原料的技術、研發生產數以百萬計毛毯,應用科技「續物命 造福慧」投入國際賑災展現慈悲力量,讓寶特瓶得以「化廢為寶」發揮更大的回收價值,它們於落實「循環經濟」與展現「大愛」的同時,不只是救援物資,更成為推廣環境教育的活教材。

時至今日,數以百萬計的環保毛毯隨著慈濟人關懷腳步,環繞全球 46 個國家地區,在冬令發放、街友關懷、災難現場中送至苦難人手上,溫暖超過 133 萬人的心,這條傳遞世界的毛毯,不僅是國際大愛的典範,更成為國際綠色典範。

以永續發展和環境教育為核心的社會企業
～大愛感恩的創新與研發

大愛感恩科技

「資源變黃金、黃金變愛心、愛心化清流、清流繞全球」，大愛感恩科技作為國內第一家環保社會企業，期許成為國際綠色環保品牌的典範，自成立以來以環保人文、愛心接力、完全回饋為三大核心價值，帶動社會愛與善的循環，並致力開發推廣環保再生材質的產品，於製程中嚴格落實環境保護，減少資源消耗，避免環境污染。

展望 21 世紀的綠色潮流，願與每一個有心投入環保、善盡社會責任的企業與團體合作，帶動更多人一起用愛和智慧守護我們的大地。

秉持著「與地球共生息」的環保理念，大愛感恩環保回收系統分佈全臺近 7,000 個環保／教育回收站，同時在大愛感恩平臺上接引超過 200 家合作夥伴，發揮專業及愛心串成愛心的綠色供應鏈平臺／綠色產業聚落。

　　每年約使用 6 千萬支的回收寶特瓶,經由物理法製作高品質大愛環保紗、大愛環保布,減少石油開發,讓子孫留下更美好的環境。這些成品品質與原生無異,再生製程與原生製程相比,再生能節省能源 84%、減少碳排放 77%。自從 2015 年起,每年皆有研發亮點;同時產品開發不僅著重在各式回收再生紡織品,現階段更積極研發回收聚酯(PET、PP)塑膠產品的開發,並致力開拓資源回收站裡其他跨領域的研發技術。

　　大愛感恩環境永續發展原則與目標以結合綠色回收供應鏈,研發更多回收再製品,同時落實綠色採購方針、產官學研綠色

2023 年天下永續公民獎,大愛感恩科技榮獲小巨人組首獎。(圖片提供者／大愛感恩科技)

大愛感恩環保經濟循環帶動心靈循環,淨化人心,帶動社會祥和。(圖片提供者／大愛感恩科技)

發展合作計畫、關注國際環保議題，並推廣環保理念至各行各業，改變心念，從生活落實對地球的愛護。大愛感恩不只是做環保、說環保，更是環境教育。

　　大愛感恩科技不是在販售產品，而是在推廣產品背後所蘊含的價值、溫度與感動，自 2008 年成立在臺灣及全球的環保創新研發佔有一席之地，更藉由各種獎項與認證審查，檢視永續經營的成效，從 CSR、ESG 到 SDGs17，包含榮獲 B 型企業認證、鄧白氏 ESG 永續標章，持續邁向永續發展，堅持環保科技的初發心，以及承擔社會責任的自我期許。

02

環境教育的創新方案

用「創意」做環境教育 用「行動」發揮影響力

慈濟基金會環保推展組

慈濟 30 多年來落實環保，推動環境教育的努力，獲得國家乃至國際社會的肯定。2013 年大林慈濟醫院及慈濟科技大學獲得首屆「國家環境教育獎」的肯定，及 2014 年大愛感恩科技獲得第二屆「國家環境教育獎」優等獎；而慈濟基金會、慈大附中、以及慈濟環境教育講師陳哲霖，也於 2022 年各獲得團體組、學校組及個人組第八屆「國家環境教育獎」優等獎。

獲得個人組優等獎的陳哲霖，2005 年從科技業退休至慈濟高雄八卦寮環保教育站做志工，發現志工對前來參訪的學校師生、社區民眾解說資源回收，每個人講的內容都有所出入。為了便於記憶，他便發揮創意，花三個月自創「環保十指口訣」：「瓶瓶罐罐紙電一三五七」，教大家如何分類資源。

瓶（塑膠瓶）、瓶（玻璃瓶）、罐（鋁罐）、罐（鐵罐）、

紙（紙類）、電（電池）、一（衣服）、三（３Ｃ）、五（五金）、七（其他），琅琅上口又簡單好記的「環保十指口訣」一時大受歡迎，除了被各縣市慈濟環保站，甚至學校及機構，甚至馬來西亞、新加坡、印尼及中國大陸等爭相邀約分享外，也成為慈濟志工、大愛媽媽們走入社區、校園，推動環保教育的最佳教材。

身為環境教育講師的他，一場場的分享，就是期待號召更多人一起以減碳「小動作」來凝聚環保「大力量」。

隨著全球氣候變遷加劇，災難頻傳，「淨零與永續」已是當前重大課題，它不只是環保課題，更攸關國家的競爭力，臺灣也無法置身事外，在去年三月已提出「淨零排放路徑藍圖」，呼應 2050 年達成「淨零排放」目標的國際共識。

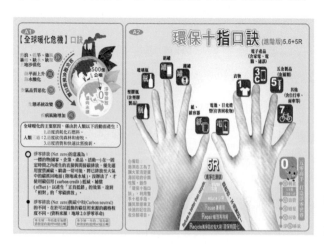

環保十指口訣
（圖片提供／慈濟基金會）

淨 零 永 續 365
（圖片提供／慈
濟基金會）

淨零永續 寓教於樂

「淨零與永續」成了必修學分，慈濟講師團隊發揮創意，在慈濟高雄靜思堂的低碳生活館設計一個「淨零永續幸福園地」，用三個口訣「環保十指口訣、淨零永續 365 口訣及我愛 SDGs 十指口訣」及五個闖關互動遊戲「接力高手、挑戰高手、搶答高手、桌遊高手、彈珠高手」，透過有趣遊戲，學習「淨零綠生活及 SDGs 永續發展目標」，希望人人在遊戲中了解「淨零綠生活」及 SDGs，從中習得如何將「淨零綠生活」落實於日常生活中，同時也可呼應 SDGs「永續發展目標」。

143

學習「淨零與永續」不說教，用寓教於樂的學習方式，歡迎大家走入慈濟高雄靜思堂的「淨零永續幸福門」，打彈珠學「淨零」，玩桌遊學「永續」。

　　推動環境教育師資培育，是慈濟基金會環保推展組的重要工作項目之一。慈濟截至 2022 年年底，全臺 275 個環保教育站，共計有 54 萬 5 千 1 百人次進行參訪，除了社區大眾、國際人士外，不乏校園學子前來參訪學習，環保教育站的講師也常受邀至機關團體分享。

環保種子 全臺散播

　　慈濟從 2011 年開始「環保種子講師」培育，廣邀更多有心

慈濟基金會榮獲第 8 屆國家環境教育獎團體組優等獎（圖片提供／慈濟基金會）

慈濟陳哲霖榮獲第 8 屆國家環境教育獎個人組優等獎（圖片提供／慈濟基金會）

人成為環保生力軍，提升環境教育知識與人文的素養，進而建構完整環境教育師資團隊，作為全球慈濟志工推動環境人文素養、環境實務、與環境教育的後盾。截至 2022 年底，獲環保署認證之環境教育人員已有數十位，2011 年至 2019 年，累積舉辦 13 期環保講師培訓課程，完成內部環保講師培訓課程共有 1,215 位。

而 2019 年 12 月 12 日「慈濟高雄靜思堂」通過行政院環保署「環境教育設施場域」認證，在環境教育上更規劃了三個環境教育館，有「氣候變遷館」、「低碳生活館」及「慈悲科技館」，能夠讓學生及民眾充分了解與自身息息相關的環保議題。

在「氣候變遷館」，能了解與關心氣候變遷影響地球的事實；在「低碳生活館」則以互動的方式，學習如何從日常生活中改變自己，實踐「低碳生活」；「慈悲科技館」可以看到多年來，慈濟在國內外許多災難當中，為賑災行動所研發出的各種救災工具及設備。這些救災利器稱為「慈悲科技」，慈悲科技也回收寶特瓶再製為衣物、生活用品，不只製程低碳，更能協助救援工作，也在平日生活創造環保善循環。

如今面對嚴峻的環境挑戰，必須擴大影響力，慈濟於 2022

年9月在高雄靜思堂展開，首創全臺「EST環境教育志工培訓」課程，由國立科工館、高雄市政府教育局與慈濟基金會跨界合作，吸引高雄市各校愛心媽媽和社區志工參與，成為環境教育的種子，期盼人人共知、共識、共行，為下一代子孫留下一個乾淨的地球。

化廢為寶：「水立方」～千分之一的水

慈濟基金會環保推展組

　　面對地球暖化、極端氣候造成全球各地旱澇交互發生，臺灣也無法倖免。事實上，臺灣是世界排名第 18 位的缺水地區，何況水資源是穩定氣候變遷、人類社會經濟發展及生存健康的重要關鍵。陳哲霖深感保護水資源是永續的，如何能不中斷、一代傳一代「惜水如金」，珍惜水資源，這是他思考的方向，因此創意發想了「水立方」，以 1,000 支回收寶特瓶，將複雜環境數據以孩子能理解的方式展現，透過實體呈現，給大眾省思進而養成惜水好習慣。

　　「水立方」是由 5 個立方體組合而成，總共使用 1,000 支回收的寶特瓶，主體大立方有 900 支，上面還有 3 個小立方合起來 75 支，總共 975 支代表鹹水；大立方下面的小立方有 25 支，代表淡水；其中 17 支在南北極，7 支在地底下，於是人類可使用的地表淡水，其實只有 1 支而已；這 1 支寶特瓶代表地球人類與眾多生物共同所需 1 / 1000 的水，彌足珍貴。如今全球水資源日益減少而水需求日益增加，對此有深刻覺知的國家都已

起而行動，因為誰也不願意看到未來，「地球上最後一滴水將會是人類的眼淚。」

「水立方」作品高度 3.6 公尺，不只是大型水資源教具，也是一座化廢為寶吸睛的藝術裝置創作品，曾在 2017 年臺灣燈會、2018 年臺中花博、2019 年桃園農博及 2021 年中國大陸第十四屆全運會陝西省體育場展出，成為吸引全場注目的藝術作品。目前全球「水立方」作品共有 60 幾座，遍佈全球各地（含臺灣、中國大陸各地及馬來西亞等地）。

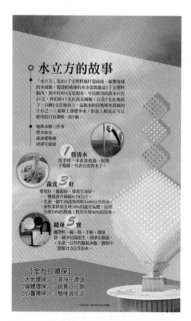

水立方的故事（圖片提供／慈濟基金會）

永續發展教育的變形金剛～行動環保教育車

慈濟基金會環保推展組

2020 年，慈濟環保 30 年，基金會與大愛感恩科技公司聯手，將兩臺四十呎二手貨櫃打造成「行動環保教育車」，將環保 30 年的元素與精神濃縮入貨櫃屋展館，並開往全臺各地巡迴推動環保教育，讓人們近距離感受，親手觸摸、互動，把「愛大地、續物命」的精神傳送到校園與社區各角落，期待推廣人人力行節能減碳，愛地球從「自身」做起。

「與其被動地等民眾前來環保站了解，何不將整套系統放上貨櫃車，主動開到全臺各地，讓更多人親身感受？」慈濟基金會宗教處精實企劃室高專柳宗言，說起行動環保教育車的發想緣由，「即便有了科技可將回收物再製，但只有民眾願意從根本解決環境汙染問題，地球才能生生不息。慈濟提倡環保觀念多年，現在更要讓民眾了解回收好，不用更好。」（資料來源：慈濟月刊 647）

行動環保教育車採用太陽能發電技術，並利用二手物件將內裝改造為互動型闖關遊戲區，更進一步與美國大猩猩基金會

（The Gorilla Foundation）合作，共同關注全球氣候及環境議題。寓教於樂又獨具特色的行動環保教育車，以科技結合創意，展現互動式情境教育，其「低碳心生活館」，由美國大猩猩基金會授權提供呼籲人類愛護地球的猩猩「可可」（Koko）的影像故事，希望喚起大家保護地球的決心。

從食、衣、住、行所產生的溫室氣體及碳足跡為主題，藉由互動闖關遊戲，引領大家在日常生活中落實低碳生活，減少碳足跡；另「與地球共生息館」則把寶特瓶回收一條龍過程與各種環保產品於現場呈現，讓參訪者了解「循環經濟與資源再利用」減少資源浪費勢在必行，透過親身體驗體會保護環境的重要性。

行動環保教育車在台北新光三越廣場展出（圖片提供／慈濟基金會）

學生在行動環保教育車淨零未來館專注學習（圖片提供／慈濟基金會）

移動式的環境教育展覽館 巡迴全臺

慈濟行動環保教育車，宛如移動式的環境教育展覽館，受到熱烈歡迎，截至 2023 年 7 月 18 日已於全臺灣 13 縣市辦理了 71 場次的巡迴展示，共 113,896 人次參與；豐富多元又寓教於樂的闖關遊戲，更培訓 7,775 位行動環保教育車志工於各巡迴現場解說互動，實際發揮了提升全民永續素養的行動效能。

有鑑於氣候變遷對環境、人類生存和國家安全的威脅愈來愈大，也愈來愈緊急，全球已有 130 多國提出「2050 淨零排放」的宣示與行動。為呼應此一全球趨勢，政府公布臺灣 2050 淨零排放路徑策略及行動計畫，希望針對淨零碳排目標，進行各面向的減緩與調適。

IPCC 最新發布的一項報告指出，若要使氣溫升幅限制在 1.5℃以內，全球的二氧化碳排放量必須要在 2050 年歸零。2023 年，行動環保教育車打造團隊藉由科技以及創新的精神，將「淨零排放」結合數位互動多媒體，透過遊戲、營造深度體驗與快樂學習兼具的淨零教育場域，命名為「淨零未來館」在嘉義市政府 2023 年度「科學 168 教育博覽會」首次亮相，創下 10,498 人次的高互動體驗紀錄。

線上平臺與跨界合作的力量
～環保防災勇士計畫

慈濟基金會環保推展組

地球只有一個，因此如何積極展開氣候行動減緩地球暖化，是全球責無旁貸的共同使命，環境教育更顯重要，一刻也不容停歇。為強化下一代環境教育素養與永續發展行動，慈濟有感於過去環境教育體驗的場域主要都在全臺環保教育站，今唯有透過科技與數位才能廣泛推廣至校園，甚至全球各地。

2021 年慈濟進一步與行政院環保署、教育部、內政部消防署、國立臺灣師範大學永續管理與環境教育研究所、PaGamO 幫你優公司合作，將環境教育向下扎根，為高中、國中、小學學生量身定做出「環保防災勇士養成計畫」，透過網路打造環保防災遊戲學習平臺，讓環保防災知識突破時間、場域空間的限制，用環保防災電競遊戲的方式，選手從校內盃、縣市盃，到國際盃一路挑戰闖關，也於比賽答題後從中思考每道問題背後的原因，進而付出行動，成為環保防災勇士。

2022 年，慈濟進一步與 PaGamO 透過電競遊戲，於新店靜

思堂舉辦「慈濟 × PaGamO 環保防災勇士 PK 賽，『國際盃』全球總決賽」，以「淨零排放」等時事結合聯合國 SDGs 十七項指標入題，與 108 課綱的跨領域學習精神，從中深入災害防救、珍惜水資源、氣候變遷，以及空氣污染、資源回收等 12 項議題，讓學童及成人學習相關知識，6 國連線包含臺灣在內，共有美國、加拿大、新加坡、馬來西亞以及印尼等國同場競技。

　　透過線上活動的推播，除了讓海內外學生更深入理解環保防災知識外，慈濟搭起國際舞臺，讓臺灣在環境教育與防災數位化的創新與用心，創下環境教育新的里程碑。PaGamO 環保防災勇士 PK 賽不分年齡，二年來總參與人數超過 207,085 人。

慈濟 × PaGamO 環保防災勇士 PK 賽國際盃頒獎典禮（圖片提供／慈濟基金會）　慈濟 × PaGamO 環保防災勇士 PK 賽屏東賽場（圖片提供／慈濟基金會）

03

身體和心靈環保的創新方案

最困難卻最有效的減碳行動？
推動健康蔬食的創新方案

邱國氣（慈濟基金會執行長辦公室高專）

「民以食為天」、「吃飯皇帝大」，在在彰顯出華人對飲食的重視，更累積出中華民族五千多年豐富的飲食文化底蘊。

在各種傳統料理，各式創新美食不斷推陳出新，強大佔據舌尖上味蕾的記憶後，「蔬食」想突破重圍，異軍突起，實有著難以撼動的無力感。在臺灣，根據報導統計，有近 13% 的人口吃素，相當於 300 多萬人。然經資料來源分析，這 300 多萬人中，高達 85％以上屬彈性素及特定時間素，也就是可以吃素也可以吃葷，或平常吃葷、特定時間吃素的人，就佔了 255 萬人。而真正吃全素、五辛素、蛋奶素、鍋邊素等，卻只佔了 45 萬人。

但困難，並不代表就不去做，也不代表失去改變的契機。誠如慈濟基金會顏博文執行長常期勉眾人的，「不是看到了希

望才去堅持，而是因為堅持了才會看到希望。」換個角度想，隨著畜牧業是造成全球暖化關鍵因素被揭露，以及受全球訂定淨零碳排時程，重視環境永續發展等議題推波助瀾下，「**蔬食**」成為健康減重、友善動物、節能減碳、生態永續的「**新食尚解方**」，也是未來可期的一大片經濟藍海。

葷食市場大，還是蔬食市場大？

有了目標，還需探究蔬食為何推動不易？因一般民眾對蔬食的印象，存在著四大門檻：「不好吃、不方便、不營養、不便宜」。然思路決定出路，記得有一次，跟一家著名葷轉素餐廳的老闆互動，他在席間我們：「你們覺得是葷食市場大，還是蔬食市場大？」大部分人會不假思索地回答：「當然是葷食的市場大！」這答案著眼於吃葷食的人多，吃蔬食的人少。

以「訂 VO2 降 CO2」為主要訴求，蔬氧 VO2 訂餐平臺榮獲 2023 年第三屆 TSAA 台灣永續行動獎金獎。（圖片提供／慈濟基金會）

但若換個思路想，吃葷的人可以選擇吃蔬食，但吃素的人不會選擇再去吃葷。

如此，若如前文臺灣蔬食人口統計為 3 百多萬人，那麼臺灣的葷食市場是 2 千萬人，但蔬食的市場卻有 2 千 3 百萬人，反而是「蔬食市場」較大！這番話，不僅是逆向思考，更提醒了我們，飲食不用一直去強調是吃素還是吃葷，重點是能否能做出大家喜歡、想吃的料理。

再分享一小故事，2023 年 4 月 22 日我們在臺北辦了一場以蔬食料理為主的「未來市集」，一位年輕人路過，好奇地問一店家，「你們賣的漢堡是素的還是葷的？」老闆告知是素的。這年輕人一聽，轉身就想走人，但經老闆介紹，「裡面夾的這塊植物肉，是經二年不斷改良研發而成，吃過的人都覺得很好吃，要不要買一個試試？」年輕人一聽真的就買了一個帶走。

誰知不到半小時，這年輕人又來到這家店，說要找老闆。老闆緊張地問，「有什麼事嗎？」這年輕人說：「真的很好吃，我想再買一個回家。」引得兩人相視而笑。所以，**飲食的選擇，往往不在葷素，端看誰能做出真正好吃的料理，就能吸引更多人來體驗，進而改變市場的走向。**

再來即是「知情權」，以及「訊息披露」是否對等？早期，訊息傳遞不易，也不夠多元，一般人都是跟著大眾思維生活著。因此，一些口耳相傳、甚至根深柢固的觀念，認為吃素營養不夠、吃素沒滋沒味的迷思，以及食物來源的真相也不易被揭露。

當前已是非素不可的時代

證嚴上人教示大眾，「大哉教育，食事為大！」、「素食是救世的靈方妙藥。」因應這次影響全球三年多的 COVID-19 疫情，更不斷疾呼：「我們現在是非說不可，也是非素不可、非推不可。」

隨著手機普及，訊息、知識取得容易，如何透過教育、分享，將植物性飲食完全能提供人體所需，以及對身體健康的好處，還有從「農場到餐桌」，食物取得的過程，更要透明讓人們看見。看見我們對待經濟動物的方式，為求快速增長，為避免集中飼養疾病傳染，不斷使用生長激素及抗生素，最終您吃下去的肉，對身體所產生的危害，以及畜牧業對環境所造成的破壞、汙染及傷害。

為了嘴邊這塊肉，當愈來愈多真相被披露，及所需付出環

境代價、災難強度都愈來愈加重時，相信會有更多人願意做出生活中多吃蔬食的選擇。

慈濟基金會近年來推動蔬食，針對四大門檻：「不好吃、不方便、不營養、不便宜」，以及秉持著「好吃不言素，好玩不嚴肅」；不過度強調吃素多好，也不要一直說帶您去吃素，就直接邀約，而是一起去體驗一家好吃或新創的料理。**且少用恐嚇、道德綁架方式，改用更接地氣，輕鬆無壓力，有趣富創意的帶動方式，讓更多人自然而然想來體驗，願來嚐試，跟上這種新食尚的風潮，進而讓「蔬食」加入生活日常。**

五大專案齊步走

為達以上目標，慈濟基金會制定出三大策略，並著手五大專案，齊步推動。

① 組建基地平臺：同業共善，異業結盟，擴大影響力

有基地，平臺才能向下扎根，向上成長，才能整合資源、連結人脈、蓄積能量，進而突破同溫層、創造影響力、扶持新創力。

❷ 落實人才培育：厚植理念，培育認證，建立人才庫

有了固定基地，就能規劃定期舉辦講座、論壇、研習等蔬食、環保、永續相關活動，讓有志於蔬食推動的人才不斷進行學習、交流。並建立一套培育認證制度，取得認證資格者，不僅產生榮譽心，更懷有使命感，進而願意持之以恆投身帶動。

❸ 辦理推廣教育：創新開展，接地推動，突破同溫層

有了人才，就能往外走，到各公家機關、公司行號，以及公開活動，將所習得或不斷更新的重要蔬食、環保、永續相關訊息，透過私下互動，以及公開分享方式，突破同溫層，讓更多人因此深體：自身行為改變，就是拯救人類及物種生存的關鍵因素。

因應以上策略目標，慈濟基金會應運而生了多個專案：「植境複合式概念館」、「未來市集」、「純植飲食 - 健康挑戰 21」、「友善國際觀光城市」及「VO2 - 蔬氧訂餐平臺」。其中以「訂 VO2 降 CO2」為目標的蔬氧訂餐平臺，還榮獲「2023 年第三屆 TSAA 台灣永續行動獎」SDGs 12（促進綠色經濟，確保永續消費及生產模式）金獎的肯定。（各專案簡要說明，請看文末連結）

「未來之所以值得期待，是因有您的加入」。看著近期新聞報導，2023 年 7 月全球均溫刷新紀錄！可能是 10 萬年來最熱。而聯合國祕書長古特瑞斯更大聲示警：「全球暖化時代告終」，接下來步入「全球沸騰時代」。**我們每天至少都有三次「改變世界，讓地球降溫」的機會**，聽起來很偉大，做起來還不難，就是「三餐多選擇享用蔬食」。

隨著蔬食風氣的打開，已看到愈來愈多的人接受成為一「靈活素食主義者」：是指大部分時間都願意多吃蔬食，但偶爾還是會吃肉的人，已成為現在一種新的食尚風潮。

從此方向去著力、倡導，所產生的效益其實不難理解，再回到上面的統計數字，臺灣目前有三百多萬人吃素，一天三餐計算下來，就是 900 多萬餐蔬食。但若全臺 2,300 萬人每人每天

慈濟基金會扶持的「植境複合式概念館」於 2023 年 6 月 5 日正式開幕（圖片提供／慈濟基金會）

選擇吃一餐蔬食，就高達 2,300 萬餐，從整體減碳成效上來看，立刻增加了兩倍多。由此可知，**只要更多人願意做出小小的改變，反而比少數人一下轉葷為素來得更有力量。**

你的每一次消費，都在為你想要的世界投票。「一口蔬食，改變即時」，期待您一同響應，現在，就從第一口蔬食開始享用吧！

補充說明資料連結：

1. 無肉經濟 - 商業潛力正崛起
   https://news.tvbs.com.tw/life/1763607

2. 植境複合式概念館
   https://dogood.com.tw/ ；
   https://www.youtube.com/watch?v=uH-c_-2KUk8

3. 未來市集
   https://www.niusnews.com/event/futuremarket2

4. VO2 - 蔬氧訂餐平臺
   https://tzuchi-customer.web.app/ ；https://www.youtube.com/
   watch?v=5cujC2Qfn98

5. 純植飲食 - 健康挑戰 21
   https://www.youtube.com/watch?v=LooHy_zg6J0&t=11s

6. 友善國際觀光城市
   https://www.tcnews.com.tw/news/item/17951.html

從「心」談起～心靈環保的創新解方

　　證嚴法師認為「溫室效應」來自人的「心室效應」，大地環保、生態問題必須從人心改善，如果人的心態無法改變，環境就無法改善。改善天地的力量來自於人，唯有人人「清淨在源頭」，降低物慾，少買、少用、少丟，「簡約生活」才能減輕環境問題，減少地球資源的消耗。所以，一定要把握「淨化人心」的機會，帶動人人「共行」，多盡一份心力就有希望多喚醒一人，就能增加一分淨化人心的力量，眾力匯聚，就有一股改變世界的力量。

　　慈濟從有形的環保延伸至心靈環保，積極推動「**環保七化**」——年輕化、生活化、知識化、家庭化、心靈化、健康化、**精質化**，以行動、教育的作為，擴大社會影響力，來淨化大地也淨化心地。而慈濟的「靜思語」更令許多人的善念與愛心受啟發，作為生命的依止與人生的座右銘。

　　「靜思語」來自證嚴法師的智慧與實踐的體悟，其涵義為何？據慈濟基金會副執行長王端正先生曾於 2009 年 9 月 28 日

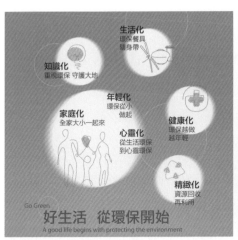

慈濟從有形的環保延伸至心靈環保,積極推動「環保七化」。(圖片提供/慈濟基金會)

證嚴法師的「靜思語」簡明易懂,更是創新。(圖片提供/慈濟基金會)

為「靜思語發行二十週年」而舉辦的「生命教育家:靜思語研討會」中,提到「靜思語」所包含的三種情境,也就是:「靜」的層次與情境;「思」的層次與情境;「語」的層次與情境。他認為《靜思語》裡的智慧,吸攝了很多古代哲人的智慧,譬如儒家、道家、佛家的思想,以及現代科學的思潮,將它們融會貫通,所發出來的悟語、警語、透徹語,並提出讀《靜思語》的方法。(資料來源:釋德傅——慈濟學初探)

證嚴法師的「靜思語」簡明易懂,更是創新,內容多屬心

靈與生活化的格言，重要的是其中每一句話語都是來自證嚴法師實踐佛法生活化的體悟，可充分運用於生活中與人相處的智慧，在人我是非中修行，以淬鍊個人的智慧，能面對困境時產生勇氣，並心開意解。

它不僅廣被海外，更是所有慈濟人都能琅琅上口的「靜思語彙」，例如：「人生只有使用權，沒有所有權」、「行善、行孝不能等」、「自愛是報恩，付出是感恩」、「心寬就是善，念純就是美」、「屋寬不如心寬」、「生氣就是拿別人的過錯來懲罰自己」等。

靜思語不僅是個人生命轉變與提升的最佳指引方針，它更是慈濟中小學教學教材，在學生品格上發揮相當的影響力，同時是慈濟大學教育研究所情境教育的一門課程。證嚴法師相信，一念善就是一分清流，社會上好人愈多、人心淨化得愈好，善的「心室效應」愈強——人人匯聚善的心念：互助、互愛、感恩及尊重，就能沖淡「溫室效應」，締造平安與祥和。

結語

全球環保問題不再是獨立事項，而是與其他領域環環相扣，必須結合所有資源，共同努力來達到永續發展的目標。慈濟以四大志業——慈善、醫療、教育、人文的力量，共同推動永續發展，期待為人類未來的永續盡一分心力，進而展現身為地球公民與國際 NGO 組織之具體貢獻。

從國際救援、高齡關懷、環境教育等面向出發，慈濟善盡社會責任，持續帶來改變社會的正向力量。慈濟基金會獲頒 2023 年「ESG Awards」多元共融獎。由 SGS 台灣檢驗科技舉辦，本屆首次增加多元共融獎項，就由慈濟基金會獲得。

近年來，慈濟積極響應聯合國於 2015 年提出的「永續發展目標（SDGs）」十七項核心指標，以環保「清淨在源頭」理念，將永續發展目標、淨零排放等具體環境行動，落實推廣在學校、家庭與社區，培育具環境友善及永續發展思維的世代公民，期盼在 2050 年迎來「零廢棄」的未來，讓「淨零排放」、「地球永續」不再是口號，而是日常的一種生活方式。

而今，慈濟不斷向社會大眾呼籲與分享，需要更多人一起來關注減碳與氣候危機，想要帶起的不是一時的意識或短短一陣風潮，而是一種生存危機的覺醒，靠著身體力行從個己的行動、心靈的觀念做起，確實將「環保與茹素」落實在自己的日常生活中，並將惜福愛物、延續物命、尊重生命的理念精神傳遞到全球，希望人人對地球提起一分疼惜的心，才能有效地減少資

源消耗，節能減碳行動的實踐，也才能與地球共生息。

永續，是大家共同承擔的責任。未來，慈濟將持續結合跨區、跨界資源整合，建立多元夥伴關係，提升環境教育鏈國際平台，營造精進與創新作為，與時俱進立足台灣做出典範，並以「六大友善——友善希望、友善生命、友善社區、友善環境、友善地球、友善國際」回應國際趨勢，善盡地球公民之責，努力為永續發展盡一分力。

慈濟六大友善呼應 SDGs（圖片提供／慈濟基金會）

[合作共善備忘錄]合作項目與統計

統計截至2023年5月4日

22 縣市

合作項目

主要 📍 慈善關懷

　　　防災教育

　　　生態環保

　　　公益人文

其他 ● 救災合作

　　　● 醫療衛生與長期照顧

　　　● 國際合作與交流

　　　● 教育支持與發展

16 專業機構

簽約時間/機構單位

2019/04/16 國家災害防救科技中心(NCDR)
2019/04/30 臺北市立大學市政管理學院
2019/07/12 交通部中央氣象局
2019/09/16 國家實驗研究院國家地震工程研究中心
2019/12/05 國立科學工藝博物館
2020/03/11 國立臺北科技大學
2020/03/18 行政院環境保護署
2020/04/17 經濟部水利署
2020/05/26 國家實驗研究院
2020/12/22 行政院農業委員會水土保持局
2021/01/19 海洋委員會海巡署中部分署
2021/03/10 臺灣自來水股份有限公司
2021/03/30 行政院僑委會
2022/04/26 工業技術研究院
2022/06/15 內政部消防署
2022/11/18 內政部警政署

慈濟基金會獲頒 2023 年「ESG Awards」多元共融獎（圖片提供／慈濟基金會）

慈濟環保理念「清淨在源頭 簡約好生活」（圖片提供／慈濟基金會）

第五章

EST 是一棵大樹，
也是一顆種子

愛地球需要每一個人的力量！高雄 EST 的醞釀、誕生、簽約到合作辦理環境教育第一期初階、第一期進階志工培訓課程，到 2023 年第二期初階志工培訓課程。這份愛可以延續至今，是因為高雄市教育局和環境教育輔導小組、國立科學工藝博物館以及慈濟基金會等三方跨界合作，加上每一個工作團隊和每一位志工夥伴，用愛接力每一堂優質的課程、用心陪伴每一期的學員。

令人感動的是，每一位學員精進的學習、努力的行動，讓不可能的跨域合作，一點一滴變成可能，成就了今天的 EST，也成就高雄市成為永續發展教育之區域行動的前行者。大家一起用呵護孩子的心，來珍惜大地，讓孩子擁有生態永續的環境。

雖然高雄 EST 三方簽約合作至今才一年半，我們還有很大的成長空間，一路摸索前行，從學員的分享、生活的行動，我們看見一生無量的希望種子。

高雄環境教育永續發展新解方——「EST」是一棵大樹，也是一顆種子。

01 醞釀——黃金三角「EST」的共構

王運敬（慈濟基金會執行長辦公室主任）

全球近年愈來愈多的氣候災難，而這些災難都跟環境保護與環境教育的推廣有非常密不可分的關係！許多的科學專家已紛紛指出，人類行為對於環境以及資源的破壞，其實是造成二氧化碳排放、溫室效應和所帶來的災難，產生直接的影響。因此，如何減少氣候災難對於人類的傷害，還是要從人類本身保護環境的落實行動出發。

如何發揮更深遠更廣大的環保行動和環境教育？聯合國永續發展指標的最後一項就是建立全球合作夥伴關係（Partnerships for the goals），也就是公部門、私部門、民間機構、專業單位、社區群體、家庭個人等，應該要建立起系統性、結構性的全面合作網路，美好的願景才可能有機會實現，也就是建立起 PPP（Public Private Partnership）的合作概念。

黃金三角共構

如何把 PPP 的概念與環境教育推動密切結合？是我們近期不斷在內心思考的一件重要事情。我們都知道環境保護的行動，要從教育著手，才能夠發揮更為深遠的影響，因此環境教育的深耕與落實，就成為重要關鍵。

慈濟是一個全球性的 NGO 組織，雖然在環境保護、資源回收垃圾減量方面，都有相當好的成果，不過相較於地球生態的危機，力量還是顯得單薄。因此如何落實 PPP 的概念，尋求更多力量的結合，是非常重要的。

多年來教育系統包含教育部、縣市教育局、環境教育輔導團以及各級學校都非常用心推動環境教育，並且近年還更進一步推展 NEED 新世代永續發展教育計畫，成效卓著。我們也同時看到從國小到國中、高中、大學，以及學生畢業之後，環境教育一條龍的連結性能相續不斷，減少斷鏈的可能性，這就是一個非常重要的課題。

除了學校教育，如何能夠把在學校所學習到的環境教育落實在家庭生活中？家庭教育是非常重要的關鍵。另外，社會教育或者是社區推廣也是不可或缺的一個重點。因此，如何建立

環境教育的「黃金三角結構」：學校教育、家庭教育和社會教育的合作系統，就形成了很重要的跨界合作基本架構。

美麗的起點在高雄

基於 PPP 和黃金三角結構的思考，我們一直在想，如果能夠有一個縣市，其教育系統、學校單位、科技專業推廣機構等，能攜手合作，再加上熱情的慈濟志工在社區和社會的推動能量，一起共同合作推廣環境教育，把環境教育從學校、家庭、社區層面串成一條龍的系統，應該對於永續發展教育可以產生非常強而有力的一股支持力量，那該是多麼美好的一件事情！

證嚴上人說：「有心就有願，有願就有力！」非常感恩在高雄因為慈濟和市政府簽訂合作備忘錄，以及推動環保防災勇士計畫，與高雄市教育局和環境教育輔導小組呂淑屏校長以及許多校長們共同思考攜手合作的可能性，再加上慈濟長年來與科工館合作環境防災教育展覽推廣事宜，因此在高雄推動環境教育的跨界合作，有了非常好的天時、地利、人和基礎。

另外很重要的關鍵是，慈濟高雄靜思堂是慈濟在全臺灣眾多靜思堂當中，第一個申請通過成為環境教育場域認證的地方，

而且高雄的慈濟志工團隊也非常有心共同推動，再加上大愛感恩科技循環經濟與慈悲科技的創意產品研發能量，最後在高雄市政府教育局的支持之下，教育局（包含環境教育輔導小組）、科工館和慈濟的三方跨域合作的美麗起點，正式開展。

經過各方的努力，終於在 2022 年 4 月 22 日世界地球日在高雄靜思堂簽訂三方合作備忘錄，對於環境教育跨域合作方面，可以說是邁出了區域性合作的一大步。三方共同以「教育專業、科技應用、社會推廣」為跨界合作，發揮創意精神，針對環境教育的社會人才培養，特別是學校的愛心爸爸媽媽在環境教育素養能力的提升，還有環境教育教材教案的合作研發等，不僅是活動性的合作，更是長久的系統性結構合作。期待將環境教育深耕進入社會和家庭，將環保行動落實於生活，共同為地球永續盡一分心力。

這一步，雖然是以高雄市為起點，也因為三方團隊大家都非常有熱情和使命，所以三方都有共識，希望未來能夠成為其他縣市經驗交流的示範前鋒，也能產生國際影響力。雖然這只是一個夢想的起點，我們深信，只要有心有願，就能夠產生實踐的力量。例如 2023 年的 10 月，慈濟與科工館的首次合作展

將以防疫為主題的「防疫戰鬥營」科學展，與慈濟馬來西亞合作，在吉隆坡靜思堂開展，也獲得馬來西亞當地的中央部會，包含衛生和教育系統的高度重視，這就是跨界合作邁向國際影響力的開端。

我們深知邁向地球永續的願景，還有好長一段路要走，不過，只要手牽手、有起步、恆毅行，終有美夢成真的一天！

02

誕生——港都跨域的解方

呂淑屏（高雄市教育局榮譽督學、陽明國小退休校長）、
董中驥（候用校長）

　　校長室永遠很繁忙，電話一通接著一通，訪客一批接著一批，就在金秋九月、和風煦暢之際，我迎來了一位投身環境教育，宣揚愛地球，清淨在源頭的慈濟志工子芳師姊。

初始跨域因緣：校園和風迎貴客

　　她提出一個 PaGamO 的計畫，我雖然還不懂具體內涵，但是卻讓我一直想要為環境知識競賽找到應時契機學習模式，看到旦明的曙光。因為始自 1987 年「我們共同的未來（Our Common Future）」報告書中就宣示：「永續發展是為了讓這一代的生存環境不危及下一代的生存環境。」高雄市氣候變遷及永續行動網提出：「永續發展」其實是在自然環境體系可持續的前提下，「強調成長的基礎應建立在自然資源的保護及改善上，採行合理的資源利用而不使資源枯竭，人類的生活才得以實現與發展。」

2021年8月6日慈濟志工到陽明國小分享慈濟 x PaGamO 環保防災勇士養成計畫，呂淑屏校長對此計畫深表肯定，立即將活動簡報分享給高雄市環境教育輔導小組的校長團隊。

　　何昕家老師也深深體悟教育對永續責任的重要性，他引述巴西教育家暨哲學家保羅・弗雷勒（Paulo Freire）的話：「教育並不能轉變世界，而是透過教育改變人，人再改變世界」，認為是我們的行為在影響這個世界。何昕家老師更提出：教育本身既是目標，也是實踐所有其他 SDG 的關鍵策略。教育不僅是永續發展不可分割的一部分，而且是永續發展的關鍵推動因素。

　　葉欣誠教授進而在「從永續發展教育到永續發展目標的教

育」專文中，倡導未來環境教育是將永續發展目標 SDGs 與永續發展教育 ESD 連結，但這力量不能單靠學校教育來買單。

回首來時路，環境教育走了三十載，欣有民間單位為深耕校園環境教育結合科技，開啟先機，以行動實踐永續發展是全球的指標也是全民的責任。

復經慈濟志工詳盡釋說，校方了解 PaGamO 是要用網路平臺串聯全球競賽，透過孩子喜歡的電腦選題，來進行環教知識善循環，從題目的作答中，孩子不知不覺自然而然了解環境教育包含的五個面向，也理解氣候變遷帶來的人類災難，更難得的是，它讓校內競爭，再透過全市競爭，再往上到縣市競爭，全球競爭，哇！只要題目出得好，被選出的選手樂於學習，主動參與應該會讓這活動變得饒富意義，也著實大大讓環境教育議題，從 EE 到 ESD 到 ESDG，這是傳統課堂無法達成的知識目標。

初始跨域因緣：看見 PaGamO 在校園

永續發展提到的 SDGs 十七項目標。慈濟基金會（以下簡稱：慈濟）始於疫情期間推出「全球環保防災遊戲化學習」，恆秉

初衷是希望透過教育的力量，讓環境問題與知識，藉由學生的學習，帶動美善共振影響力，讓環境教育從家庭到學校廣及於社會，也能藉機融入生活層面，大家全民一起實踐，全面落實永續發展提到的 SDGs 的十七項目標。

　　PaGamO 是全球第一的線上遊戲學習平臺，提供多元優質題庫，涵蓋閱讀素養、英文學習等，PaGamO 也幫助學校作了學校不可能完成的競賽模式。所以設計環境教育防災知識搭配葉丙成老師團隊開發的 PaGamO 學習平臺，葉丙成老師也強調，

20211008 PaGamO x 慈濟環保防災勇士養成計畫陽明國小校內盃，各班前三名菁英群聚一堂，經過激烈競賽，產出前三名代表學校參加高雄盃環保勇士 PK 賽。

對於此次與慈濟意義重大的合作：「已經有超過 150 萬學生註冊用戶，透過 PaGamO 線上遊戲平臺學習學科知識。全力支持全台師生能夠停課不停學，透過全球線上學習讓孩子們知道如何珍惜環境資源，愛惜生長的環境，不讓我們的下一代面對更危險的災害。」

場域媒合力量：巡禮氣候變遷館

靜思堂在一般人眼中，它是宗教的場域，是一個法親共修道場，沒有理由要去實施 PaGamO，這是為什麼有推行環教的願力？慈濟師姊邀我去參觀靜思堂，因為那是有完成環境教育認證的場域，也期望經由實地巡禮，為心中的疑惑找尋答案。

實在不相信誦經念佛的場域怎會有此設施，那時學校綠能館正雛形初具，我們自以為得意，私人場域不會有驚人的場館設施贏過學校，便應邀帶了家長會團隊及學校行政人員，參觀了高雄河堤南路的靜思堂。

沒想到在走入設置於二樓東側的「氣候變遷館」，我突然睜大雙眼，那個高雄科工館常設的展廳氣候變遷館，幾個特別讓人難忘的字體鮮活在眼中閃過，如果那是靜態的展示，此處

則無異是一個探究實作的祕境，可以活化孩子學習的地方，也應該是親子共同學習的地方，寓教於樂，就是要在如此的面積和設計功能，以及解說人員的培訓運用，等等這些條件都要到位，才利於推動和執行啊！

讚嘆慈濟做到了，以道場完成環教場域的布置，真是一場宗教與環教的相遇。這媒合的力量，促成 EST 的簽約合作。

場域媒合力量：科技科普科工館

國立科學工藝博物館（以下簡稱科工館）是我們高雄市唯一一座國家級博物館，也是臺灣第一座應用科學博物館。

科工館長年展示與科技相關主題、推動科技教育與終身學習，因為學校推動水土保持，所以農業部農村發展及水土保持署與科工館共同籌劃「水保防災起步走巡迴系列」特展，旨在引導師生透過體驗，讓學生見證科技給知識答案，讓孩子透過科普廓清心中疑惑，學習批判思考解決問題。

所以學生透過戶外的場域來學習，在他們生活中就獲得防災概念，懂得保護自己，愛護家園，科工館就承擔了這崇高偉大的科教任務。

　　例如：認識我們的島」（島）、「和土地在一起」（水、土）　，「與災害共存」（人）；讓孩子認識山坡地保育、野溪治理、崩塌地復育。尤其透過 AR 互動模擬面對颱風、地震、海嘯、土石流、降雨及空汙等災害示警內容，這展廳展開環境、防災議題的思考與實踐，都是在校園無法達成的設備與體驗。

　　還有一個值得大家去學習的是：氣候變遷館，氣候變遷展示廳，透過情境塑造、動手操作、感官體驗，參觀過程就像是讓孩子去完成一件拯救地球的勇士任務，孩子喜歡挑戰，喜歡解決問題，透過思考批判，了解他們所應肩負的環境責任，這都是寶貴的環教場域，透過實作方能達成的教育責任。

　　媒合的力量，藉著科技實證，科普力量讓 ET 加入 S。

科教新秀群英會：留在潘朵拉盒子裡的希望

　　潘朵拉的盒子（Pandora's box）源自於希臘神話，何昕家老師的著作中，有一本書名即為「打開人與環境潘朵拉之盒」。他自喻打開人與環境的潘朵拉之盒，而我們知道這盒子是宙斯給潘朵拉的神祕盒子，象徵一切災害罪惡的根源，卻在盒子裡留下名為「希望」的寶物。

從慈濟師姊口中得知：慈濟和 PaGamO 幫你優公司以公益合作方式，由國立臺灣師範大學環境教育研究所葉欣誠教授與環教團隊共同出題，大愛感恩科技與華碩電腦公司共同支持此項活動，這活動打開環境教育潘朵拉的盒子，期能藉由結合縣市政府教育局、環保局與消防局等力量，多方合作攜手推動數位環境教育與永續發展素養，「環保防災勇士養成計畫」，為高中、國中、小學學生量身訂做的遊戲平臺，還能結合各領域教學，PaGamO 設計團隊的英雄們，其用心與理念值得誇讚。

葉老師說得對，「永續發展是人類的永續，不是地球的。」當然教育部落實地方輔導小組的成立和推動，也是功臣。尤其負責教育部推動全國環教業務的許毅璿老師等諸位環教教授，走訪各縣市，深諳各縣市推動的窒礙難行之處，透過全國訪視和座談及成果展，漸漸走出了臺灣在環境教育推動的模式與未來新徑。

科教新秀群英會：PaGamO 競技在校園開花結果

慈濟志工的服務熱忱與誠心奉獻，一直以來都是默默的在校園服務。學生都認識那是大愛媽媽。晨光時間從不間斷的志工，都會準時來校園入班上課，陪伴孩子懂愛、知禮、行善，

甚至進行環境教育的闖關活動。

對於 PaGamO 競技提升學生知識面與行動面，共構互榮的解方，慈濟與學校其實早已初綻合作的明亮曙光。

PaGamO 醞釀時期，慈濟師兄姊走訪校園，透過海報和說明，讓學校明瞭作法。在校園推動環境教育執行單位是學務處，衛生組長更是首要承辦人員，於是透過學校行政會議，希望擔任電腦資訊課程的老師指導學生 PaGamO 的閱讀與試題練習，每班經由電腦老師的指導與協助，就能產生準備出賽的隊伍。

高雄市政府與慈濟基金會共同舉辦「慈濟 x PaGamO【高雄市】縣市盃環保防災勇士 PK 賽」，2022 年 3 月 8 日在高雄靜思堂登場，同學們個個專注電腦螢幕，目不轉睛，卯足全力爭取最好成績。

重兵勇將有時是在師生互動時產生的參加比賽火花，也有時是學生透過電腦學習的競技項目，對於知識的學習產生了興趣，在無數題的環境認知領域，每題還有答案的說明，證明孩子透過自學，是可以豐碩其知識領域的。

這也讓高雄市在永續發展教育目標下，找到創發地方解方的新契機。

地方創發解方： NEED 新世代永續發展教育

2010 年頒布環境教育法總則第三條指出，環境教育「乃指運用教育方法，培育國民了解與環境之倫理關係，增進國民保護環境之知識、技能、態度及價值觀，促使國民重視環境，採取行動，以達永續發展之公民教育過程。」

2021 年教育部公告「新世代環境教育發展」政策中長程計畫，也將氣候變遷、永續發展教育及永續發展目標知能導入既有的環境教育策略中。

因此，我們需要民間慈善環保團體等各方力量，全面強化學生數位環境素養、協助提升學生「新世代環境教育發展」政策中長程計畫的內容目標，讓永續發展教育的理念，啟發學生

對環境保護概念及養成節能減碳的氣候行動，進而落實於生活中強化其對於環境真正的友善行為。

地方創發解方：EST 我們共構的解方

EST 三方的資源，其實是一個偉大的力量，教育部在地方輔導團積極鼓勵地方政府，創發環境教育解方，透過 EST 的結合，在人力和設備及經費的整合，可以發揮環境教育加乘效果，更是永續發展教育的集大成。

我們非常感謝高雄市政府及教育局長官的協助，同意 EST 的誕生，我們喜出望外，這共構的解方，每一步伐都堅定教育部的各項政策，以環境教育推動進程和永續發展導向的環境教育內涵，包含學校治理、設施（含空間及資源）管理、課程教學、社區夥伴關係等構面進行教學策略精進，所以能夠將 EST 三方結合，著重培養學生探究與實作精神，同時也是結合 SDG4，優質教育就是完成所有 SDGs 的實施面向，只有透過教育力量，才能完成小公民有能力面對經濟、環境、社會所帶來的複合性挑戰，才能讓 EE+ESD+ESDG 任務達成。

所以三個方向各司其職：甲方執行單位（環境教育輔導小

組）在有助於促進合作目標，並善用乙方與丙方環境教育認證場所，且不影響三方正常營運原則下，與教育部「新世代環境教育發展」政策中長程計畫推行架構之第六項「創發地方永續解方」相結合，攜手的力量一步步透過溝通說明，終於完成創發地方永續發展的教育力量 --- 高雄跨域找到的解方。高雄永續發展教育 EST 跨域合作於焉誕生。

寄望 EST 能成為一棵大樹，也是一粒種子，在校園、在社區、在社會各角落中，都有幼苗不斷滋生，也看見幼苗成為大樹，不斷的持續向前落實氣候行動，用行為改變生活模式，實踐全人類共同的目標，這每顆種子都是一個奇蹟。也衷心祝盼 EST 也能為各縣市推動環境永續發展教育種下園丁幼苗，循著高雄市永續發展教育跨域找解方的模式，一起航向 2050 淨零目標。

參考資料：

- 永續發展：高雄市氣候變遷及永續行動網
  https://khsclimatechange.kcg.gov.tw/cp.aspx?n=F92B87213FCA3E66

- 葉欣誠（2017），〈探討環境教育與永續發展教育的發展脈絡〉，環境教育研究（13）：2，p.77-84

- 何昕家（2018），《打開人與環境潘朵拉之盒》，臺中市，白象文化，p.222-242

- 媒體報導（2021），PaGamO 與慈濟首度合作於疫情間間推出全球環保防災遊戲化學習
  https://learning.pagamo.org/tzuchi-promote-disaster-prevention-with-pagamo/

- 教育部（2021），教育部「新世代環境教育發展」政策中長程計畫，https://www.greenschool.moe.edu.tw/gs2/need/p1.aspx

簽約與合作
── 因為愛地球，所以我們相遇

彭子芳（慈濟志工、國小退休主任）

　　數字會說話！退休前，筆者在國小教育現場常常在校門口看見孩子們人手一「袋」，提著早餐來上學。一所學校如果有1,300 位學生，一天就有 1,300 個塑膠袋進入校園。

　　之前在美濃陪伴學生用友善耕作的方式做食農教育多年，在冰冷的寒冬裡插秧，在驕陽烈日下拔草。當腳踩進沁涼的泥巴裡，當香甜的玉米吃進嘴裡，深刻地覺察到大地的溫暖，人與土地之間共生共存的親密關係。大地之母賜給我們萬物，我們要感恩、要尊重，更要把愛化為行動！環境保護不是環保老菩薩的專利，而是有心人的參與，愛地球需要每一個人的力量！

因為 PaGamO 誕生 EST 愛地球的原動力

　　教育要與時俱進，2021 年 COVID-19 疫情在全球肆虐，很多學校課程因應疫情改為線上教學。慈濟基金會因應社會的變

遷，結合學生的興趣，和幫你優公司以公益合作模式，與行政院教育部、僑委會、環保署、內政部和消防署攜手為學生量身訂做「環保防災勇士養成計畫」。以「教育接軌科技，用遊戲翻轉學習」，將環保、防災和防疫的知識與行動，設計成電競遊戲。讓學生在自主學習、在 PaGamO 平臺闖關「攻佔領地」過程中，也增進了環境教育的概念和行動。

2021 年下半年，當筆者和高雄市各地慈濟志工很努力地入校推廣慈濟 xPaGamO 環保防災勇士計畫過程中。很榮幸地在陽明國小認識到呂淑屏校長，呂校長是高雄市環境教育輔導小組總召集，感恩她對環境教育的熱情和行動力，串聯起高雄 EST 的誕生與簽約合作。

EST 是以下三單位的代表字縮寫——高雄市政府教育局（E, Kaohsiung City Government Education Bureau）、國立科學工藝博物館（S, National Science And Technology Museum）和慈濟基金會（T, Tzu Chi Foundation）。

結合教育局的「學校教育」、國立科學工藝博物館的「科技教育」和慈濟基金會的「社區教育」，希望透過 EST 三方共構，跨域合作，擴大環境教育影響力，落實永續行動。所以三方共

同辦理 EST 環境教育志工培訓計畫，藉以提升高雄市校園愛心媽媽和社區志工環境教育素養和行動，並配合教育部「新世代環境教育發展」學習策略，期待以「清淨在源頭」環境教育精神，將永續發展教育、淨零排放、蔬食救地球等具體環保行動，落實推廣在學校、家庭與社區。

歡喜感恩 愛在高雄 EST

一路走來，感恩淑屏校長一路相挺、一路陪伴，在 2022 年 11 月 29 日 EST 第六次會議上，文府國小李美金校長曾經說過：「剛開始聽到 EST 三方要合作推動環境教育，以為是夢想，沒想到淑屏校長讓夢想成真了！」是的，淑屏校長做到了！

從 2021 年 8 月 6 日筆者到陽明國小分享慈濟 x PaGamO 環保防災勇士養成計畫，認識呂淑屏校長；2022 年 3 月 8 日邀請高雄市環境教育輔導小組總召集呂淑屏校長、副召集黃意華校長蒞臨高雄靜思堂，承擔「慈濟 × PaGamO 高雄盃環保防災勇士 PK 賽」直播現場的專家講座。

2022 年 3 月 14 日中午，淑屏校長打電話給筆者：「子芳，我們陽明國小要跟慈濟合作，你幫我安排 3 月 17 日我們要去高

雄靜思堂參訪。」感恩慈濟執行長辦公室王運敬主任、環保組柳宗言師兄、高雄宗教處張明珠師姊、教育功能窗口李秋月師姊、環境教育場域導覽組丁雪玉師姊和高雄靜思堂眾多師兄姊協助，短短兩天的時間，做好場地布置、茶水接待和環境教育場域導覽等等的準備工作。

2022/3/17 陽明國小團隊參訪高雄靜思堂和環保教育站

3 月 17 日當天，呂淑屏校長帶領陽明國小五位主任、家長

2022 年 3 月邀請呂淑屏校長、黃意華校長蒞臨高雄靜思堂承擔慈濟 x PaGamO 高雄盃直播現場之專家講座。中場休息時間，與慈濟王運敬主任、志工柳宗言進行環境教育深度對談，相談甚歡。（圖片提供／彭子芳）

會會長和 12 位故事媽媽蒞臨高雄靜思堂參訪，看見靜思堂針對氣候變遷、低碳生活、慈悲科技設計了「地球生病了」、「環保探索趣」以及「慈悲科技──從搖籃到搖籃」等環境教育場域，結合當代環保新知與慈濟人做環保的實踐經驗，和慈濟人的賑災救助經驗，大家對慈濟、對靜思堂推動環境教育的努力都讚譽有加。

3 月 18 日一早，淑屏校長又打電話給筆者：「請你通知慈濟協助安排，3 月 28 日高雄市環境教育輔導小組團隊要去高雄靜思堂參訪談合作的事。」

感恩淑屏校長的教育熱情和行動，有團隊就有力量，感恩本會的指導，感恩高雄分會各個功能的同心協力，接待、導覽等各項準備工作又立即啟動。

2022/3/28 高雄市環境教育輔導小組團隊參訪高雄靜思堂

2022 年 3 月 28 日，感恩「天時、地利、人和」一切因緣俱足，高雄市環境教育輔導小組總召集呂淑屏校長，帶領各級學校總共 16 位校長與主任蒞臨高雄靜思堂參訪。感恩環境教育導覽志工陳哲霖師兄、丁雪玉師姊和陳淑滿師姊等人協助，導覽

高雄靜思堂通過行政院環保署「環境教育設施場所」認證的三個展館：氣候變遷館、低碳生活館、慈悲科技館。

由慈濟基金會本會王運敬主任透過科技連線，和校長團隊進行協商，討論跨區、跨界、跨國際合作推動環境教育的構思；雙方團隊凝聚共識、展開共知、共行計畫。感恩中正高工高瑞賢校長（高雄市校長協會理事長）當天立即與校長團隊達成共識，在 4 月 22 日「世界地球日」這一天，邀約教育局謝文斌局長與慈濟簽訂推動環境教育「合作意向書」。

2022/4/6 拜會高雄市教育局謝文斌局長

2022 年 3 月 30 日，接獲本會王運敬主任傳來的好消息，國立科學工藝博物館也同意一起簽訂推動環境教育合作意向書。於是綜合 3 月 28 日 EST 三方團隊的意見與需求，筆者彙整草擬合作意向書的內容。感恩淑屏校長和運敬主任的指導，並經過 EST 三方團隊代表確認過合作意向書的內容之後，列印完成 EST 合作意向書正式版。

2022 年 4 月 6 日，高瑞賢校長帶領呂淑屏校長、黃意華校長和慈濟高雄公傳窗口鄭楊慶師兄和筆者拜會高雄市教育局謝

文斌局長。當時高雄新冠疫情正嚴峻，局長公務繁忙徹夜未眠；感恩局長撥空接見，由淑屏校長代表向局長報告 EST 三方合作推動環境教育簽訂合作意向書的內容。聽完淑屏校長的報告，局長非常贊同 EST 跨域合作，當下就指定資訊國際教育科與我們聯繫後續相關合作事項。

2022/4/22 EST 三方簽訂合作意向書記者會

因為愛地球，所以我們相遇！面對全球氣候變遷與災難頻傳，高雄市教育局與國立科學工藝博物館和慈濟基金會共同攜手跨界合作，以創新思維和具體行動，推動新世代環境教育（NEED）素養，並在 4 月 22 日世界地球日當天早上，由教育局李黛華專委、環境教育輔導小組總召集人呂淑屏校長、副召

2023 年 4 月，高瑞賢校長帶領呂淑屏校長、黃意華校長、慈濟高雄公傳窗口鄭楊慶和慈濟志工彭子芳拜會高雄市教育局謝文斌局長。局長撥冗接見，並指示資訊國際教育科大力協助 EST 推動環境教育。（攝影／陳秉筠）

集人黃意華校長、高雄市中小學校長協會高瑞賢理事長、科工館吳佩修副館長，以及慈濟教育志業王本榮執行長、慈濟基金會熊士民副執行長等代表齊聚高雄靜思堂，簽訂五年的環境教育合作意向書。從地方合作與社會永續的角度出發，鏈結國際平臺，共同促進學子自主學習、互動參與、社會共好之核心素養能力，以建構一個永續美好的未來願景。

三方共同以「教育專業、科技應用、社會推廣」為跨界合作，發揮創意精神，期待將環境教育深耕入心，將環保行動落實於生活。合作項目包含：建構社區志工培訓機制、協助研發環境教育課程模組及教具創作、跨區虛實整合提升環境教育素養、提供多元培訓場域支持環境教育學習、建立臺灣典範全球視野的國際夥伴，以及其他有助於優質教育、社會共好之永續發展教育合作事宜。期望經由三方合作，各自貢獻所長，相信可以連點成線，連線為面，為大高雄地區的環境教育，在既有堅實基礎上，開發更多的典範，創造更佳的效益。

EST 美好的團隊 共創永續的城市

一期一會，珍惜每一次的生命交會，共譜環教的永續。一群人一起共同完成一件好事，真是幸福！非常感恩高雄市教育

局、國立科學工藝博物館和慈濟基金會各級長官的支持與指導。更感恩 EST 三方工作團隊的窗口，教育局黃藍儀小姐、環境教育輔導小組呂淑屏校長、黃意華校長和環境教育輔導小組團隊；國立科學工藝博物館張簡智挺主任、王兩全主任和團隊，感恩慈濟基金會本會王運敬主任、柳宗言師兄、陳哲霖師兄和高雄分會宗教處和各功能團隊，為了推動環境教育、實踐永續行動，大家同心協力、用心付出。

從 2022 年 4 月 22 日簽訂 EST 環境教育合作意向書之後，6 月 7 日隨即召開第一次合作會議，從環境教育場域資源、環境教育志工培訓、校園綠色博覽會和三方合作資源盤點等各項議題，進行深度交流。截至目前總計共同完成 11 次合作會議，包含 3 次 EST 新書編輯會議。

不論是教育局、學校教育現場、國立科學工藝博物館和慈濟志工，其實大家平日業務和工作都非常繁忙。非常感恩 EST 三方工作團隊，不管是實體會議或是線上會議，不管是室內課程還是戶外活動，大家都是不分單位，互相補位，一起把工作完成。真的非常感恩！短短一年半，我們共同完成了 EST 環境教育第一期初階志工培訓課程、EST 環境教育第一期進階志工

培訓課程、第四屆科學節暨校園綠色博覽會、第四屆國家海洋日，三次 EST 學員戶外教學，EST 環境教育第二期初階志工培訓課程也在今年 9 月 19 日正式開課。

當環境教育遇上環保行動，因為行動，就會有感動！感恩 EST 三方優質的環境教育志工培訓課程，孕育出 100 多位優秀的 EST 環境教育種子。清淨在源頭，大家在學校在社區在家庭，一起實踐環保行動，人人做環保，共創高雄美麗的永續城市。

2022 年 4 月由教育局李黛華專委、環境教育輔導小組總召集人呂淑屏校長、副召集人黃意華校長、高雄市中小學校長協會高瑞賢理事長、科工館吳佩修副館長，以及慈濟教育志業王本榮執行長、慈濟基金會熊士民副執行長等代表齊聚高雄靜思堂，簽訂五年環境教育合作意向書。（攝影／周幸弘）

04

建構三方跨域合作之旅
——EST 志工培訓計畫與課程的搖籃

呂淑屏（高雄市教育局榮譽督學、陽明國小前校長）、
王運敬（慈濟基金會執行長辦公室）、彭子芳（慈濟志工）

因應本書記錄 EST 環境教育跨域合作的大愛足跡，回顧 EST 志工培訓計畫與課程的產出與執行過程中，深感這是一場意外的驚喜又驚豔的旅行。

EST 課務組有來自教育現場多項學術專業的校長團隊、科工館科技教育團隊和慈濟基金會有國際賑災背景、有落實社區環保志工、有推動環境教育場域導覽志工。大家對於推動環境教育各有不同領域的專業素養與背景，在討論和執行過程中，儘管會有疑問、會有不同的想法，感恩大家總是看向正面的希望原則，找出合作的亮點，一步一步帶領我們走進一個又一個意想不到的桃花源！

EST 實體及線上會議 確定培訓課程方案

「愛地球」，是引領 EST 課務組團隊努力的總目標，在討論的過程當中，有幾個很重要的課程規劃原則是引導整個課程設計的方向。如果課程的目標沒有確定，相關的後續細節安排就沒有辦法精準到位；所以經過非常仔細的討論之後，考量目前整個臺灣的教育政策推動方向及全球發展趨勢，並審視目前社會、家庭以及學生最需要增長的素養和能力，所以擬定了下面四個規劃原則及方向：

1. **素養概念導向**：建立環境保護素養，提升地球危機概念。

2. **生態探索導向**：親近自然多樣生態，了解台灣環境變遷。

3. **生活實踐導向**：落實個人減碳生活，實踐循環經濟行動。

4. **解決問題導向**：關心氣候變遷問題，著力永續環境發展。

依據上列原則，並且融入 2015 年教育部新課綱環境教育的內涵，計有環境倫理、永續發展、氣候變遷、災害防救與能源資源永續利用等五大主題。

感恩 EST 三方工作團隊，2022 年 4 月 22 日簽訂環境教育合作意向書之後，儘管當時臺灣疫情嚴峻，但是愛地球的腳步

不停歇，立即開始展開一連串不可能的任務。

① 2022 年 6 月 7 日善用科技，利用線上 Google Meet 進行 EST 三方第一場環境教育對談，提出對於培訓課程目標、參加對象、課程規劃原則、培訓期程規劃、學員上課時數、志工服務內容等，提出彼此想法，並由三方推薦參與成員組成 EST 課務團隊，研擬三方課程設計。

② 2022 年 6 月 30 日線上和實體會議並行，因應疫情和三方工作團隊的狀況，實體會議 25 人、線上會議 15 人；進一步確認 EST 2022 年度高雄市環境教育志工培訓計畫草案和課程表，並明列 EST 學員要在 EST 場域安排 12 小時服務學習時數，並創立 EST 小助教機制，以及戶外教學地點。

③ 感恩 EST 三方工作團隊積極認真、勇於挑戰，不到一個月時間我們完成確認 2022 年 EST 環境教育志工初階培訓的計畫和課程表。

初階課程內容安排，分別由教育局和環境教育輔導小組、科工館、慈濟基金會等三方共同承擔，培訓時數以 EST 三方各 9 小時總計 27 小時課程。課程內容規劃以快樂學習為原則，逐步邁向環保署環教人員認證。

　　課程在時間與空間的規劃，發揮三方環教亮點，分別在三方各自選定的場域來進行。課程規劃則分為初階課程和進階課程，三方分別發揮各自的特色和優勢，進行課程規劃安排。而培訓期程則配合學校學年度，第一學期 9 月開始進行初階課程，第二學期進行進階培訓課程，考量環境教育學習和生活行動實踐結合，採循序漸進培訓機制。

　　整個課程的規劃設計，理論與實務兼具，靜態與動態兼容，課程與體驗相應，探索與行動結合。這一份 EST 課程規劃，應該是公私協力合作為社會提供永續發展教育的最佳示範計畫之一。

看見新芽在茁壯
——EST 工作團隊與學員的分享

EST 黃金三角，力量加乘

丁雪玉（慈濟高雄靜思堂課務組長）

慈濟高雄靜思堂承擔 EST 志工培訓規劃，包括第一期學員的分組、小助教（Teaching Assistant, 簡稱 TA）的選訓和提供、課程的設計，以及始業式與結業式的籌辦。

EST 學員與修業成果

第一期報名的學員來自各個領域，計有來自大學的副教授、小學校長、家長會長、大愛媽媽、導護媽媽、科工館志工、慈濟志工等共 80 位。受到 COVID-19 疫情因素或個人因素，開課報到 72 位學員，難能可貴地其中有 65 位學員完成全程初階課程與評估考核，授予ETS 結業證書；7 位學員領有上課時數證明。其中 39 位學員繼續報名進階課程，最後 39 位全部完成課程並領有進階結業證書結業證書。

小助教 TA 與行政 TA

在教學和行政人力支援方面，初階課程由慈濟基金會推薦高雄靜思堂導覽解說團隊的小組長和環教推廣團隊的資深志工承擔。72 位學員分成男眾一組和女眾七組，配置一位男助教和七位女助教。小助教 TA 全程參與學員上課，包括課前的溫馨叮嚀、課堂全程陪伴、協助學員完成課程、與課後的暖心關懷等。另外每兩組搭配一位行政助教，負責課堂點名與支援小助教 TA。

為能延續學習經驗和培訓教學人力，第二期的 TA 規劃，優先從第一期進階結業學員中擇優遴選擔任。

多元化課程規劃

EST 課程透過三方合作，以借力使力、群策群力、善用三方特有的資源，各規劃三堂課，來提供學員全方位的培訓課程與學習環境。初階課程特色涵蓋：

1 E 教育局：選擇綠色校園典範的陽明國小，以校園中的綠能館，讓學員體驗能源車製作以及手工皂製作。

2 S 科工館：以豐富之展示及教育資源，補充其他場域教材教

具的不足，展現科普之美，與教育局和慈濟高雄靜思堂教學相輔相成。

③ T 慈濟：三十多年的環保經驗，環保教育站實際體驗，高雄靜思堂認證的環境教育設施場所教學，不僅提升環境素養，並結合慈濟人文內化每位學員的氣質。

除了在三方的環教場域授課，另外安排戶外教學，到臺南牛埔泥岩水土保持教學園區學習。

EST 第一期環教志工初階課程，在高雄靜思堂完成三堂課後，於 2022 年 11 月 8 日移至國立科學工藝博物館，繼續每二週一次的培訓課，小助教與行政助教在大廳留影。（攝影／丁雪玉）

進階課程則以培養解說技巧為主題，實際在科工館與高雄靜思堂的環教展館定點做解說，以增進學員的解說實務技能。

貼心課程服務

在課程服務上，EST 課程特別提供了：

① 由環境教育輔導小組為學員們投保出門到各場域之間的交通平安險。

② 每堂課提供蔬食午餐。

③ 課程期間，科工館舉辦科學節、校園綠色博覽會，學員參與服務學習；慈濟的環保行動教育車入校園，EST 學員參與解說，不僅實踐課堂所學，同時也累積在人群中服務學習的經驗。

④ 結業式頒發由教育局製作，經三方簽署的結業證書，並提供代表三方各場域特色的結緣品。

結語

清淨在源頭，以教育為根本。環境要好，教育不能少。這個政府與民間跨領域的環教合作，黃金三角的結合，能量相加

也相乘。EST 不僅是名詞，更是為環境的永續 （Environmental Sustainability Together）一起努力的動詞；以 SDGs17 夥伴關係，勉勵大家朝著人類與自然和諧共存共榮的目標而努力。

愛在 EST 串流

余惠琴（EST 志工培訓 TA）

近年來，全球氣候變遷問題日益嚴峻，各國紛紛加強環境保護政策，推動減碳減廢、節能減排等措施，高市府教育局、國立科學工藝博物館與慈濟基金會達成永續發展的未來願景，共同辦理「高雄市環境教育志工培訓計畫」，藉以提升高雄市校園愛心媽媽和社區志工環境教育素養和行動；並配合教育部「新世代環境教育發展」學習策略，期待以「清淨在源頭」環境教育精神，將永續發展教育、淨零排放、蔬食救地球等具體環保行動，落實推廣到學校、家庭與社區。

所以 2022 年 4 月 22 日世界地球日當天，高雄市政府教育局、國立科學工藝博物館與慈濟基金會簽定三方合作備忘錄，共同以推動環境教育志工培訓為三方合作之共同目標「高雄市環境教育志工培訓計畫」，招募 EST 環境教育志工培訓，主旨在於透過環境教育課程、實地考察、志工培訓等活動，讓參與者了解環境議題，學習如何減少自身對環境的影響，運用科工館與靜思堂的展示環境，讓志工實際學習如何進行導覽介紹，如何將展品內容及其背後的故事表達給參觀者知道，讓所有參與的

學員們體會珍惜資源、愛護大地,與地球共生開闊胸襟。

　　從初階到進階課程,在課堂中學員們都深深覺得人生的緣分是可遇不可求的,從生疏到認識彼此,能在環教領域相互學習成長要珍惜一期一會的因緣。

　　課程中講師們分享的環保精神理念和地球上仍未解決的環境危機,要學員去省思人類究竟應該如何與地球環境永續共存;需分享的時候,每一組學員紛紛踴躍舉手,爭取上臺向所有人表達內心的感觸與悸動,並期許自己身體力行付出微薄力量,將在 EST 所看到、所學到,化作環保心回到校園推動環境教育;也在環境志工的角色中,藉由導覽的機會,推動社區實踐環保理念,默默串起彼此的愛,為社區、城市、甚至全球環境,讓愛串流延續發光發熱,照亮世界每個角落。

2023 年 5 月 9 日 第一期進階課程(淨零與永續),適逢母親節,學員開心地手握康乃馨與講師陳哲霖合影。(攝影/周幸弘)

淨零生活在我家

李淑惠（高雄市大同國小志工）

　　現在的世界，看似繁榮進步，大部分的人們，只顧著滿足當下的需求與安逸，造成了我們居住的地球汙染與失衡，氣溫升高，極端氣候，天災頻傳。其嚴重性已到了刻不容緩的地步，在聯合國大會中，各國承諾落實 2050 年淨零排放。地球只有一個，人人有責，所以我們在這裡受訓上課，當然知道，還要做到，落實在生活中。

　　近年來，媽媽因為年紀大，眼睛也不好，所以我常回家陪她吃飯。我跟她一起做家務、洗菜、做飯、洗碗，常被她叨念。媽媽很惜水，她說她沒有一滴乾淨的水浪費掉，洗米水洗菜、第二次洗菜水沖馬桶、澆花……。洗碗的水量，真的是一根筷子的流量，第二次清洗的水還留著擦地板。

　　媽媽是茹素者，尤其不喜歡去外面吃，她說都過量了，而且很多不是原形食物。衣服、鞋子保持三件，真的落實環保極簡生活。出門也經常走路，疫情前，她每天走路去元亨寺共修和做義工，大概要走 30~40 分鐘。有一次走到半路，公車剛好

停在她面前，她那天可能比較累，就走上去坐公車，被公車司機笑說：「歐巴桑，妳終於被我載到了，我每天這個時間，都會看到妳用走的。」

有次媽媽淘米，不小心掉了一粒米，她為了要撿米，身體一失衡，用手去支撐，傷了手，我認為很不值得。後來看到了「佛觀一粒米，大如須彌山」這句話，才了解媽媽學佛的高度。

我想到了一個故事，有個人千辛萬苦，要去普陀山朝拜觀世音菩薩，好不容易到了普陀山，佛告訴他，觀世音菩薩就在你家裡，回到家看到母親，才知道佛指的就是他母親。我為了全球暖化危機，去外面上課學習，結果落實環保淨零的高手，竟是自己的媽媽。以前媽媽捨不得女兒做家事，都是她一人做

2022 年 9 月 27 日在高雄靜思堂上「氣候變遷」課程，透過桌遊讓學員了解氣候極端的嚴重性。學員歡喜與小助教留影。（圖片提供／李淑惠）

的，所以我也沒有學到，對於用水、用電還蠻浪費的；直到意識到全球暖化危機，我才知道要節約能源、珍惜資源⋯⋯。

環境保護，啟動永續，要從改變自己開始。也期許自己將來能像哲霖師兄一樣，推廣環保知識，帶動淨零綠生活。

力行環保 守護家園

李淑霞（高雄市中庄國小志工）

一個偶然機會看到 EST（教育局、科工館、慈濟）聯合舉辦環境教育志工成長訓練，原來對環境教育稍有涉獵，我和先生一起報名這次訓練。感謝主辦單位精心安排設計課程，並請專業老師來指導授課。

在陽明國小，我們學習如何利用廢油來製作手工香皂，既可以減少對環境的汙染，又可以節省家庭開銷。到科工館參訪「氣候變遷」特展，學習如何因應與調適極端氣候的變化；莫拉克風災的「希望‧未來」特展中，「莫拉克風災教會我們的事」讓我學到人要順天，不能逆天；與大自然要互相尊重、包容、和平共處。

另外，慈濟志工為了讓我們清楚資源回收分類，用創作獨特的「環保十指口訣」，讓學員能夠快速記憶回收分類；利用鼓掌的雙手做分類，使環保精質化。在慈濟環保回收站，師兄姊們實地教導我們正確分辨那些是可回收與不回收的東西，受益良多；將學到的應用在日常生活中，既可以減少垃圾量，又

可以廢物變黃金，為地球盡一份心力。

感觸最深的是慈濟志工，發揮多元智慧，用兩個 40 呎的貨櫃打造成一套「慈濟行動環保教育車」。行動環保教育車的特色為：節能、減碳、環保、科技、教育、創意；透過有趣、豐富、多元，極具教育性的闖關遊戲活動，親子共學、共享、共樂的環保知性之旅。

在培訓期間，我曾參與文府國小和高雄醫學大學帶領學生和大眾，體驗「環保一條龍」的單元活動；先將回收寶特瓶洗淨→碎片→酯粒→再用抽絲機抽成線→再製成帽子、圍巾、衣服、褲子、鞋、襪、玩具、項鍊、積木、筆桿、地墊、塑木、

2022 年 11 月底至 12 月初，慈濟行動環保教育車進駐高雄文府國小，EST 第一期學員穿起志工背心為學生解說「環保一條龍」，寶特瓶廢為寶的綠色傳奇。（圖片提供／李淑霞）

角板材、再生塑材等。1 支 600 cc 寶特瓶可以回收製成 1 支筆桿；70~80 支寶特瓶可以製成一件環保毛毯，捐贈給有需要的人。

　　保護環境，人人有責；塑膠物品堅守「不用、少用、重複用、循環再用、回收有大用」的 5R 精神；隨身攜帶環保「杯、碗、筷、手帕、購物袋」等五寶；愛護環境由自己做起，帶動家人和朋友，一起來守護地球，明天才能更好。

愛地球 不分你我他

侯秀霖（高雄市文府國小志工）

參加 EST 初階的感想：在科工館上課讓我知道天災是如何發生，以及如何從災害中學習防災，採取面對災害一條心的行動。

在陽明國小上課，用 DIY 方式學做回收再利用手工肥皂；組裝小太陽能車，學習節能減碳。

在慈濟靜思堂上課，讓我學到多吃蔬食、使用在地食材減少碳足跡，寶特瓶也能回收作衣服及生活用品，5R 回收有大用，陳哲霖師兄有趣的 SDGs 十指口訣桌遊體驗，用遊戲認識世界，用行動翻轉世界，學習淨零綠生活。

知道文府國小有環保行動車導覽活動，我快樂地去當導覽人員，跟志工們一起推動環保概念：讓孩子們了解一筷省水的意涵；鯨魚的眼淚、樂樂牛碳真多早餐車、KOKO 碳足跡、隨身 5 寶行，讓孩子們知道做環保其實很簡單，生活上就可以做得到。

我現在出門旅遊、爬山或上課，都會帶環保杯，買生活用品或食材也會隨身攜帶環保袋，減少使用塑膠用品，聚餐的時候也會攜帶環保碗跟環保筷子，減少使用一次性物品，飲食部分少吃肉、多吃蔬食。低碳飲食不浪費，多走路多運動，低碳交通少汙染，生活中也教導自己的家人要隨手關燈、省水、省電，愛地球永續做環保，不分你我他。

慈濟環保教育車進駐高雄文府國小，第一期培訓學員於 2022 年 12 月 2 日穿起志工背心，參與解說。（圖片提供／侯秀霖）

愛的力量 善的循環 看見更美好的自己

鄭麗玲（文府國小志工團副團長）

　　我是一名家庭主婦，有四個小孩跟一個內孫，做志工已經有 21 年了。孫子讀文府國小的幼幼班，他是從 48 個人裡抽 4 個名額才能就讀，實在是非常地幸運，也讓我有機會可以參加 EST 環境教育第一期志工的培訓。

　　就在培訓期間，適逢文府國小 20 週年校慶，素梅主任申請了慈濟的行動環保車到校展出。我們是南部第一所展出的學校。然而志工團團長認為校慶攤位需要很多人手幫忙，也苦於志工人力不足無法幫忙，建議主任延到下學期再展覽。我身為副團長又是 EST 的一員，覺得導覽慈濟行動環保車的環境教育是一件很有意義的事，而且機會難得，應該要把握不該放棄。於是我就跟主任說：「我來負責承擔邀約志工導覽的工作！」

　　我把已經畢業的家長志工們邀約回來幫忙，再加上現有的志工、慈濟師兄姐、EST 志工以及家長會委員共約 60 幾個人，從 2022 年 11 月 29 日至 12 月 2 日總計 15 個場次，每站導覽講解 90 遍，大家同心協力，總算完成了這項艱鉅的任務。

2022 年 12 月 3 日慈濟行動環保車移動到高雄醫學大學展示，為了配合高雄醫學大學「減塑又減碳 高醫大攜手鄰里組大學城志工隊守護地球」活動，我又帶領了文府團隊五位志工到高雄醫學大學導覽。

　　很開心的是，之前在文府國小導覽時，因為各班導覽時間有限、每一站導覽時間短暫，無法實際看到環保一條龍的整個過程。當天在高雄醫學大學有 20 分鐘的導覽，就可以透過機器的運作，看見寶特瓶如何變成大愛紗的整個過程，覺得很神奇又開心。當天的導覽對象都是政府官員、大學教授還有大學生跟一般民眾，但是我們的導覽團隊臺風穩健表現十分優秀，讓高醫大校長讚賞不已！校長，也為此贈送每人一份禮物，讓大家覺得十分開心！

　　2023 年 6 月 8 日至 10 日，第四屆國家海洋日在高雄流行音樂中心海音館舉行，慈濟推廣利用回收寶特瓶再製成的環保黑板布，我與幾位 EST 環教志工跟慈濟師姊們輪流解說黑板布的由來：因為 2012 年在非洲辛巴威賑災時，看見災民露天上課，用一塊木板寫字，還要把木板掛在樹上，由另一個人在樹下扶著，十分克難，因此大愛感恩科技研發了可以重覆使用又可以帶著走的環保黑板布。

活動當天，吸引了蔡英文總統特地駐足參觀聽解說，稱讚這了不起的慈悲科技值得推廣，也在其中一塊黑板布寫下感動簽名留念。這次支援的活動讓我想到一句話：「科技的研發來自於人性」，而大愛感恩科技的研發來自於一份慈悲，內心滿滿地感動。

2022 年 6 月 13 日結業式，我上台代表第三組發表感言，敘述這一段時間參與的過程，我很驕傲我沒有請過假，最後感言還獲得了第一名，為我的 EST 環教志工結業典禮畫下最完美的句點，內心實在非常感動。

這一年來因為參加 EST 的課程研習，讓我有更多機會學習

高雄醫學大學於 2022 年 12 月 5 日舉辦「高雄醫學大學國際志工節──減塑減碳、傳承永續」活動。慈濟行動環保教育車進駐高醫校園，EST 第一期學員參與解說，與高雄醫學大學楊俊毓校長合影。（圖片提供／鄭麗玲）

和參與環保活動，提升了自己的視野，也深感肩負重任。為了下一代我們的子子孫孫有個乾淨的地球，環境教育這一條路你我一定要努力堅持走下去。有行動就有感動，有愛無礙，我深深感受到這份善的循環，愛的力量，源源不絕，讓我看見更美好的自己。

帶孩子做更美好的自己

于倩懿（高雄市加昌國小志工）

　　我在加昌國小擔任故事媽媽、晨光媽媽，學校都會教導孩子拉垃圾分類做環保，所以知道環保很重要，但沒有想過「環境教育」這件事情有多重要，也沒有意識到做環保跟環境教育是不一樣的。直到學校志工團、故事達人培訓班的同學都分享「EST 課程」訊息，基於好奇、想要了解的念頭而報名。

　　2022 年 9 月開訓，了解到 EST 所代表的意思，一點一滴地改變了我的觀念。在課程中接收到了聯合國永續經營的 17 個目標 SDGs，經由慈濟哲霖師兄解說環境教育的意義，灩雀師姊帶我到慈濟環保站實作之後，正式認識什麼叫作環保。在課程中才理解「為什麼要吃素」的真正意義，不是因為宗教信仰，而是為了減少碳排放保護地球；也了解到我們正面臨很嚴峻的全球暖化危機，救地球的各種方法都必須要快速地實施，淨零排放是我們刻不容緩的目標。

　　初階班課程進行的同時，我把學到的環保十口訣、五零高手、5R 的觀念，跟學校的小朋友和家裡的孩子們分享。我在家

中更落實垃圾分類，三餐也多做蔬食少吃肉，節省能源、省水，平日出門記得帶手帕、環保餐具、購物袋，希望一點一滴愛地球的行動由自己做起。

但初階班結訓時，感覺似乎少了些什麼。想想自己上了大半年的課，有心想要把學到的觀念帶到學校推廣，但是好像可以運用的資源、支援並不多，甚至對環境教育這一部份想進一步分享的時候，發覺自己不論對資訊的理解、資料的豐富、口條的清晰等能力都還不足夠。如何能讓自己更精簡且切中要點的分享，真的很需要再學習啊！

這個時候，進階班開辦了！真是太開心了，好感恩能有機會再精進，從初階班到進階班，所有的課程設計，能看到主辦單位的用心。除了教我們觀念、帶我們實作之外，在環境教育這一部分，更讓我們學習到如何導覽，訓練我們的口語表達能力；讓我們學習教案設計，建立我們若需規劃課程時，要考慮到哪一些重點的觀念；對於循環經濟這個主題，甚至邀請大愛感恩科技的團隊來跟我們分享：人的永續、物的永續、精神的永續，是我們一定要傳承下去的意念。

原來一個寶特瓶可以作出那麼多幫助別人的好物品。在課堂中有一個機會，讓我們去想：自己的父母給我們最好的禮物

是什麼？這個時候我想到，我的媽媽曾經說：她想要成為別人生命中的貴人。我的分享是，謝謝我的父母給了我四個在人生中很重要的禮物：謝謝他們給了我「生命（Life）」，謝謝他們給了我「滿滿的愛（Love）及愛人」的能力，謝謝他們給了我「懂得感恩（Grateful）」的能力，也謝謝他們給了我「有能力就要回饋（Give Back）」的心。

上課期間，我在書店尋找跟聯合國永續經營（SDGs）17個目標的相關書籍，如：《17個改變世界的方法》、《小小科學人100環保大發現》、《超未來生活友善地球的奇想新科技》等。期望利用這些圖解的繪本，把學到的觀念帶給孩子們，引導孩子們去思考：他們想要一個什麼樣的未來？可以怎麼做，讓他們的未來更美好？期望自己作一顆小小的種子，有緣帶領孩子們做更美好的自己。

2022年10月25日於高雄靜思堂環保教育站體驗環保回收做分類，專注聆聽講師的說明。（攝影／周幸弘）

EST 引領我的起心動念

楊愉粧（高雄市加昌國小志工）

　　起初，看到 EST 的簡章，知道了這是由教育局、科工館、與慈濟三方一起合辦的課程，便抱著學習友善環境、進而教育自己孩子的初衷，來報名參加。經過初階的學習，發現，人和環境之間，並沒有想像地那樣單純與美好，比較像是相愛容易相處難，有好多學問，等著我們去學習和力行。

　　初階時，看到課堂上老師分享的影片，有許多怵目驚心的畫面，有因人為迫害或地球反撲的畫面，讓人難過，也難以忘懷。課程中更記得老師分享給我們的，從自身就可以做到的種種方法，例如：做好分類、隨身攜帶非一次性用品或餐具、省

2022 年 9 月 27 日第一期初階課程，在雙向溝通時，學員分享如何在日常生活中落實減碳愛地球。（攝影／周幸弘）

水省電節能減碳等等。

　　進入進階後，我們在哲霖師兄身上學習到對環境積極推動教育革新的大愛精神，更學會善用他用心製作的「一紙通」，與對不同年齡層實施環教互動工具和教案。科工館團隊也請出專業導覽員，傳授導覽要領與多次實地帶領，並讓學員們親自上場演練，確實地感受自己與觀眾的距離。

　　上課期間，主辦單位透過蔬食課程與蔬食餐盒，讓我們感受到茹素的美好，夥伴們都覺得，靜思堂的午餐好好吃，小助教溫馨地向我們介紹，那是由不同的香積菩薩，用心用愛烹煮出來的料理。

　　最後，感恩自己有搭上 EST 培訓列車，更期許自己在環教這條路上，是一個精進勇猛的尖兵，可以在校園中不間斷地推廣環境教育。

十根手指説環保

吳岳玲（高雄市四維國小志工）

因一份緣分開啟另一段因緣，我是四維國小跟五福國中的導護志工，也因這關係跟呂淑屏校長成為好友，她是我小孩念四維國小時的校長。

2022 年 7 月 15 日呂淑屏校長傳了一個 EST 第一期環境教育志工初階培訓的報名訊息給我，希望我趕快報名參加。當時我有點猶豫，因為身為兩個學校的導護志工跟靖娟兒童安全文教基金會交通安全的講師，擔心時間無法配合，也擔心是否可以全程參與所有的課程。

這時，四維國小衛生組長譚智玲老師每天帶著笑容，手拿著長夾跟垃圾袋巡視校園撿垃圾做回收的鏡頭闖入我的眼眸，她激起我報名的動力，我希望能學到更多資訊，回饋給學校的孩子們，帶他們一起做環保。每個人都知道要做環保，可是真正落實的太少了，只有不斷地去推動，才能真正地落實所謂的環保。

課程就從呂淑屏校長的主題分享：「我如何融入環境教育，

育，當一位快樂志工以及 EST 志工的角色定位」揭開序幕；一系列吸睛的學習課程一一呈現：氣候變遷、低碳生活、循環經濟、災害防救、水土保持、氣候行動、永續利用、能源教育、淨零與永續。堂堂精彩，最讓我感動又印象深刻的是陳哲霖師兄發明的【我愛 SDGs 十指口訣】（貧飢健教平水源業業平）、（城責氣水陸和夥 SDG）、【環保十指口訣】（瓶瓶罐罐紙電1357），還有【全球暖化危機】的口訣（陸海空生疾）、【永續淨零 365】口訣（3 心、6 綠 +5R），真是太感人，太厲害了！原來我們的十根手指頭是這麼地有用處。

兜著十根手指頭念啊念，做啊做，開始了我的環境志工定位；我要用十根手指頭進校園分享在 EST 所學到的「我愛 SDGs 十指口訣」課程，讓孩子們了解環保對我們有多重要，愛護地

2022 年 9 月 13 日
EST 第一期環教志工
初階培訓的始業式在
高雄靜思堂舉行，學
員以歡喜期待的心，
準備好要上完 27 小
時的課程。（攝影／
周幸弘）

球人人有責，最重要的目標是讓孩子們去影響他們的家人。讓我們一起用「十」個行動共同守住 1.5 ℃，實現淨化人心，全球共善，淨零排放，邁向永續。

課程中最最感謝的是慈濟的師兄師姊無私的付出與陪伴，我們不僅腦袋瓜養飽飽，肚子也餵飽飽。感謝高雄市政府教育局、科工館、慈濟基金會共同主辦這個課程。最後再次感恩淑屏校長分享這麼棒的學習課程給我，我一定會努力做好 5R、5 零，並把收穫傳遞出去。

環境教育志工培訓課程之於我

劉佳雯（高雄市東光國小志工）

2022 年的八月，距離環保與慈濟非常遙遠的我，從學校志工群組收到這樣的訊息：「敬愛的校長、敬愛的教育夥伴：愛地球需要每一個人的力量，跟大家分享一個好消息，懇請大家一起讓愛傳出去、一起把愛找回來。歡迎高雄市各級學校志工參加環境教育志工培訓課程，由高雄市政府教育局、科工館、慈濟基金會共同主辦『高雄市 EST 環境教育志工第一期初階班』即將開課了，歡迎有志推廣環境教育的學校志工報名參加。」

那時對於環保毫無概念的我，單純只是因為上課時間對我來說尚有餘裕，於是就此開啟了我深入了解環境保護之旅。

開始隔週不同的課程之後，才知道：原來氣候變遷問題如此可怕，八八風災帶來的驚人破壞讓我震撼不已；原來改變飲食就能減少碳排放，愛地球竟然沒有我認為地那樣難以執行；原來清淨在源頭，「不用、少用、重複用、修理再利用、清淨回收有大用」好唸好記更要動手做；原來我們日常浪費了這麼多水與資源，生活細節都是環保學問；原來回收過程有賴許多

人的大愛付出，但我們更可以從日常就做到減少垃圾。

　　初階課程結束，我慢慢養成盡量攜帶隨身「五寶」，至少環保袋、水壺、筷子、手帕需要時都能在袋子中找到，學會回收瓶瓶罐罐紙電 13570，生活中大量的塑膠袋都可以回收再製造。

　　原以為養成自己環保愛地球的習慣就好，但因緣際會之下，我又參加了進階課程，這階段的任務開始賦予我們如何將學習到的環保知識推廣出去，因此講師們不斷地傾囊相授，加深我

2022 年 10 月 25 日于高雄靜思堂環保教育站，體驗環保實做的課程後，團體合照。
（攝影／周幸弘）

們的環保知識並教導如何分享給其他人，強迫自己把學到的不要再鎖進抽屜，而是轉化成語言試著表達出來。

在這長達 9 個月的兩階段課程中，我學到了很多、也慢慢地蛻變著，非常感謝慈濟師姊、師兄一路上的帶領跟照顧，讓生性害羞的我能夠自在地在這個溫暖的環境學習，有機會站上舞台表演手語，並讓沈默寡言的我嘗試開口、學著講解。

感謝辛苦的小助教上課前溫馨的提醒、上課中的照顧、下課後幫我們索取學習資料；感謝貼心的學員，給我鼓勵、建議，並在我侷促不安時給予支持。很愛他們，很愛這個環境，未來，我會繼續努力從生活小細節中愛護地球、保護環境，也會把環保概念與知識分享給身旁的每一個人。

BMW 塑好型

廖麗琴（河堤圖書館志工）

近年來每逢氣候異常，「全球暖化」似乎變成用來解釋一切的代名詞。電視這麼報導著、各種媒體如此描述著，眾人好像也都知道「全球暖化」這回事；但事實上好像也僅止於知道而已。感覺上，這麼嚴肅的議題，應該是屬於政府或企業的事情。2022 年上了 EST 環境教育初階的課程後，我才了解，原來淨零綠生活是改善「全球暖化」的解藥；是人人可做、隨時可做，且能讓人類與地球永續生存的生活運動。

以前出門，因為不想吸進廢氣、不想排隊買票，更不喜歡人擠人，所以開車是唯一的選擇；即便只是短短一、兩公里。因為少走路，漸漸地累積出驚人的體重；員工體檢時更被告知要接受健康教育訓練。

為了健康，於是加入健身俱樂部，更不惜花錢請個別教練指導。但是遇到自由練習的課程，我常常兩天打魚、三天曬網；而有教練盯著運動的課，每週才一次，成效有限。幾個月後教練嚴肅地對我說：你的進步很慢！如果要進步，一是增加上課

與運動次數，二是控制飲食。對於愛吃的我來說，控制飲食如同剝奪我對生命的喜好，因此增加運動次數成了唯一的選擇。但是要抽出更多的時間到健身房運動，實在有困難。

有天，看著永續淨零 365 口訣中的 6 綠生活，了解到巴士（bus）、捷運（metro）跟走路（walk）是一種最好的低碳交通，更是一種隨時可做的綠生活實踐。這三種方式就是背包客所戲稱的「BMW」，是背包客旅遊經驗交換中最實用的資訊，也是在我當背包客時可以大啖美食而能不增加體重的要素，於是決定開始這種綠生活運動。剛開始只要是在方圓一公里內就選擇走路，漸漸地變成兩公里、三公里；更遠一點的就選擇騎 UBike 或搭大眾運輸；有時因為找不到 UBike 或大眾運輸，乾脆就用走的；最遠的紀錄是來回一趟走了 15 公里。

上個月出門參加活動，其中有兩個晚上要穿著正式服裝。正傷腦筋得添購行頭時，想到最近常聽人說「你瘦了」，或是說「妳變得有型」了；因此在半信半疑中拿出幾年前曾經穿過的衣服來穿，一連試了幾件，不只開心，還驚喜連連，因為十幾年前的衣服也可以穿上身了！「瘦身有成」後，只要有人問我怎麼瘦的，我都會跟他們分享這個 BMW 祕密武器，也告訴

他們這樣做還是愛地球的表現。

我希望把低碳綠生活傳遞給那些來圖書館聽我說故事的小朋友與家長們，於是試著填上詞句，用一閃一閃亮晶晶的曲子當作說故事的暖身歌來唱，加深大家對低碳綠生活的認識：

Bus bike bus bike Metro Walk,

help our body look so good.

What amazing for the earth，

Help our planet be healthier.

BMW 塑好型，低碳交通救地球。

2022 年 9 月 27 日參與「氣候變遷」課程，小組成員集思廣益，分享生活中減塑救地球的行動。（圖片提供／廖麗琴）

節能減碳 拯救地球

陳南勝（國立科學工藝博物館志工）

參加 EST 初階我學到許多環境保育教育的理念。最令人感動的是的是慈濟志工，為了讓我們清楚資源回收分類，用獨特創作的「環保十指口訣」法（利用雙手十根手指），讓學員能夠簡單快速記得回收分類項目；用鼓掌的雙手，舉手做分類，使環保精質化，延續可用資源的價值，造福全人類。

在日常生活中，洗手時水龍頭開小一點，像一根筷子粗細，洗澡時使用淋浴，不泡澡，這樣每個月可以省好幾度的水費。家裡的電燈改用省電燈泡，養成隨手關燈習慣；其他電器設備改用環保省電裝置；儘量不吹冷氣，或將冷氣溫度設定調至適溫，以節約能源。

飲食方面：少吃肉，盡量蔬食，並選當季蔬果，既好吃又便宜；當地食材，以節省新鮮度和運費成本。

以前外出購物或上班都是騎機車或開車，既浪費油錢，且製造空氣汙染，影響健康；現在退休後外出改走路、騎自行車、

搭大眾運輸工具或共乘；既可運動健身，又不會製造空氣汙染，節約能源。

自學校畢業後踏入職場工作就很少帶手帕了；自參加 EST 訓練開始，就隨身帶五寶（環保杯、環保碗、環保筷、手帕、環保購物袋），不使用一次性即丟棄東西；寶特瓶最好不用、少用、重複用、修理再利用、清淨後回收有大用。

從自己做起，平常也會帶親朋好友參加種樹、撿垃圾、海邊淨灘等活動。利用 3 心（簡約、知足、擴大愛），6 綠（省水、節電省能源、低碳飲食、不浪費、低碳交通、少汙染）；回收好，不用更好的 5R 精神；宣導帶動使自己周遭的朋友，能夠一起守護地球，明天會更好。

2022 年 11 月底至 12 月初，慈濟行動環保教育車進駐高雄文府國小，EST 第一期學員為學生解說慈濟「環保一條龍」從回收、分類、造粒、抽絲、製成聚酯纖維的衣服、帽子、毛毯等，體驗資源回收再利用。（圖片提供／陳南勝）

EST 讓愛盈滿懷

方曉嵐（家庭主婦）

我來自杭州，原先從事兒童教育類的工作，因為結婚來到臺灣。我覺得我是一個很有福報的 EST 學員，剛來臺灣就能和這麼多優秀學員一起學習成長。

我因結婚來到臺灣是一個很特殊的時間點，剛好是 COVID-19 病毒大流行，全球政府實施封城、禁足、停課，相信大家都感受到生活的沉悶，幾乎是零社交生活。當時我是高齡產婦，除了去醫院身體檢查，便是宅在家裡，幾乎不敢出門，時間長了，心中總有驚恐不安的感覺。

一個偶然的機緣，我報名 EST 進入了課程學習。記得第一次去靜思堂上課的時候，就有一群服裝整齊熱情的慈濟志工迎接引導我們入場，雖然學員很多，但卻安排得井然有序。我們組的小組長惠琴師姊，每次在上課前一天都會逐個電話叮嚀我們記得要帶的物件，為了防止病毒感染，慈濟志工們早早給我們備了點心、水果、餐盒和防疫茶，所有的細節讓我們感受到上課安心、課後暖心，貼心的照顧讓在異鄉的我好感動。

在 EST 課程裡，第一次參與環境教育志工的學習，學習到如何製作營養均衡的素食，減碳健康環保綠生活；來到慈濟教育環保站，環保志工們將回收的垃圾用心的分類，寶特瓶回收透過環保科技資源再生循環再利用，製作成各種賑災和生活用品化廢為寶。在環保站，我們看到許多年紀很大的環保志工很用心做環保，不怕熱、不怕累，用熱情耐心地向我們解說分類，叮嚀我們要愛惜地球資源，處處看到志工們的用心。志工心，環保心，讓我們深受感動。

在科工館課程我們做了很多的實驗，例如水的電解質、地震實驗室。參觀了綠色的建築——樂活節能屋，體驗了臺南的戶外教學課程的旅行，來到陽明國小的綠能館，這是一個充滿了神奇的智慧寶庫的綠色教室，不僅是地下一樓得到充分發揮使用，更是大人和孩子們傳播學習環境教育和能源科技教育的場所。所有 EST 的課程多元豐富，讓我們收穫滿滿。

因為 EST 課程因緣，我也參加了靜思書軒的志工、大愛媽媽的課程、靜思茶道課程，一週的時間幾乎都在靜思堂裡度過，認識了很多師兄師姊，我的生活變得很豐盛，幾乎忘了疫情的存在。

在課程期間，給我和先生一個大驚喜，我們迎來盼望已久的寶寶，大家稱是 EST 寶寶，更讓我們感動的是在我即將生產之前，EST 的老師和志工來給寶寶祝福，送來了豐盛的禮物。有《靜思語》，我每日讀一則祝福寶寶，每日投竹筒為寶寶積福，還有 27 個寶特瓶作成的環保彌月禮盒，每份禮物都如此用心有意義，充滿愛的能量，愛的暖流在我身上淌流，感動滿滿。

2022 年 4 月 2 日課務長與小助教前來關懷，祝福第一位 EST 寶寶平安健康。（圖片提供／方曉嵐）

EST 課程的善效應

許麗美（EST 志工培訓 TA）

在 EST 裡，我承擔的是小助教。我的任務是讓組員訊息不漏接、陪伴學員一起上課成長、留意組員的需求，我就像橋梁，為來自不同領域的學員服務，讓他們安心上課。

三方共享資源 課程豐富

初階課程包括知識性、高雄靜思堂場域參訪與環保實作、科工館參訪與科學實驗、台南龍崎牛埔泥岩教學園區環境戶外教學，以及陽明國小綠能館參訪，太陽能車實驗、環保回收油家事皂 DIY 等，EST 三方資源共享，課程豐富到讓人捨不得缺課。

其中陽明國小的課程讓人視野大開，他們整個地下室都是綠能館場域，環境教育佈展多元又豐富，除了陽明國小的志工以外，我們都像劉姥姥進大觀園，讚嘆聲四起。

學以致用

進階課程：在科工館展廳與慈濟靜思堂培育導覽能力。

2023 年 4 月 25 日進階課程直接在科工館展廳啟幕。每個學員摩拳擦掌、全力以赴，他們都說緊張得心臟快要跳出來，但聽完每個人的導覽，小助教們紛紛按讚，因為學員中高手如雲、臥龍藏虎，不論是口條、內容、表情，都不輸專業的講師。

學員學以致用，2022 年 11 月 5 日，科工館舉辦校園綠色博覽會，他們穿梭在群眾中當解說員；2023 年 6 月 7 日國際海洋日，

2022 年 10 月 28 日中正高中校慶，設計並參與環保闖關活動。
（圖片提供／許麗美）

他們也來承擔解說員。

有的學員開始在校園設計環保闖關遊戲，藉由道具、透過遊戲方式，寓教於樂，讓小朋友對環境有危機意識；他們還在校園中推廣環保節能減碳，呼籲小朋友隨身攜帶 5 寶（環保杯、環保碗、環保筷、手帕、環保購物袋），隨手實踐環保 5R（不用、少用、重複用、修理再利用、清淨回收有大用），每個 EST 的學員都體會到：只要日常生活能落實環保，就能讓地球媽媽延續生命。所以他們使命感十足地在每個角落撒播環保種子，期望更多人一起來做環保、愛地球。

團隊目標 淨零永續

我是 EST 上課陪伴連接三方的橋樑，我和學員由陌生而有些熟悉；學員們已開始付出，很多人已開始為地球的未來默默地努力；他們已知道珍惜得來不易的豐富資源。我們這一小隊深深覺得更重要的事情就是淨零永續，讓地球凍齡；因為唯有地球平安，人類才能平安；我們要疼惜地球、呵護地球、珍惜地球。

愛在 EST 感動與行動

張淑娟（鳥松濕地／五福國中志工）

　　不知道是誰分享的訊息，我看到環境教育志工初階培訓課程，馬上毫不猶豫地報名，很幸運錄取了。更幸運的是小組成員好幾個都是認識的，大家齊聚一堂共學，內心讚嘆這個因緣真特別！特別要感謝我們的小組長，盡心盡力、設想周到地照顧每一位組員；還要感謝默默為我們準備餐食的無名英雄們。

　　慈濟的環境倫理、氣候變遷、低碳生活、循環經濟，科工館的災害防救、水土保持、氣候行動，陽明國小的永續利用、能源教育，都讓我學到很多；課程中還安排了牛埔泥岩水土保持教學園區環境教育參訪，真的是太感動了。

　　環保回收站的慈濟師兄師姊，整日與垃圾為伍，他們難行能行，不是普通人，而是活菩薩，我打從心裡感佩。

　　時間過得真快，我從初階課程進入 EST 環境教育志工進階課程，這次需要學習導覽技巧與表達能力。成果驗收，我選擇莫拉克風災展示廳的日光小林，在準備的過程中我找了很多有關小林村的資訊，一遍又一遍地閱讀，一次次地流淚，慚愧人

類的無知，造成大自然的反撲；水能載舟，亦能覆舟，家園在一瞬間沖毀、倒塌，令人痛徹心扉的流浪，是小林村民不願回想的傷痛。但小林村存活下來的人化悲傷為力量，從零開始，重拾大武壠族的記憶與文化，展現堅韌的生命力，找到族群的認同。

　　由衷謝謝教育局、慈濟、科工館所有幕前幕後的工作人員用心地籌辦兩梯次的課程，期許自己能為環境教育盡一份心力。

2023 年 4 月 25 日在科工館，學員事先做足功課，配合展館再加上自己準備的檔案，展現解說的實力。（圖片提供／張淑娟）

轉換跑道再出發

蔡進元（復興國小校長）

　　人的生命不過是數十年的時間，說長不長，說短也不短，其中充滿著許多的無常變數，讓人無法掌握。個人是在一次偶然的機緣中，姜明瑞師兄分享了晨間有薰法香的活動訊息，讓我的生活作息產生了一些變化。在志工晨間早會當中，經常聽到師兄姊們分享著上人提醒大家的「盤點生命的價值……」這句話語，讓年過六十的我深有所感。個人教育生涯服務了四十餘年，除了把青春歲月奉獻於杏壇之外，到底還留下些什麼？是個人餘命生涯中最想要去追尋的答案。

　　因緣就是這麼不可思議，過了不久就有玫蓮、儷娜師姊分別傳來 EST 環境志工的培訓課程海報，當下就決定：未來的生命價值要投注在環境教育志工的行列當中。當知道整個地球暖化，溫室效應所帶來的極端氣候變化，產生了許多的氣候難民，已經危及到人類的生存了。唯有從環境教育著手，才有辦法建構一個永續的生存環境，讓後代子孫能夠安居樂業。

　　在初階培訓的課程中，我們從環境倫理談起，了解氣候變

遷的原因，希望從低碳生活、循環經濟做起；同時也從氣候行動中認知應該如何做好水土保持、災害防救、能源教育、永續利用等課程，為永續的環境教育盡一份心力。

課程中讓我印象最深刻的莫過於陳哲霖師兄所發明的「一紙通」教材，把全球暖化危機的原因作說明，同時也把世界的現況用數據作具體的呈現，提出了人類與地球永續的解方就是「淨零綠生活」；最不可思議的是把聯合國永續教育的十七項具體目標 SDGs，作了一個非常有趣又容易理解與記憶的方式——「我愛 SDGs 十指口訣」，三生和一重視生活、生產與生態，攜手共創永續美好未來。

這也讓我在校務的推動上，能夠更清楚地了解未來的方向與任務。

第二個印象深刻的是環保站實作課程，親身體驗垃圾分類的具體作為，只有慈濟的環保站才真正地落實從搖籃到搖籃的資源循環利用的境界，也真正了解到人類應該要落實 5R 的具體做法，包含 Refuse（不用）Reduce（少用）Reuse（重複用）Repair（修理再利用）Recycle（資源回收有大用），清淨在源頭；簡約、知足、擴大愛的綠生活要從我們日常生活當中來落實，

為地球的永續找到解方。

　　感謝高雄市政府教育局、國立科學工藝博物館、慈濟基金會（E.S.T）三方的合作，持續開辦環境教育志工進階培訓課程，培養每位志工都可以成為一位環境教育的解說員。我們以科工館的莫拉克風災紀念館、靜思堂環境教育資源中心為場域，透過專家老師的解說、示範、引導，加上每位學員實際的操作、演練，相信一定可以培育出一批環境教育的生力軍，為愛護地球盡一份心力！

2022 年 10 月 25 日於高雄靜思堂環保教育站，體驗環保回收做分類。（攝影／陳儷娜）

2023 年 4 月 25 日進階課程，在科工館學習解說技巧。（攝影／陳儷娜）

共同保護地球 創造永續未來

崔艷（陽明國小志工）

「起初，沒有人在意這一場災難，這不過是一場山火、一次旱災、一個物種的滅絕、一座城市的消失，直到這場災難和每個人息息相關。」這是科幻災難電影《流浪地球》中的一段臺詞。現實世界中，在 EST 志工培訓課程中，在科工館風災紀念館中，我們在衛星映像中看到翠綠的福爾摩沙南端，在 2009 年 8 月 8 日莫拉克風災的重創下，留下了土黃色的悲傷，這是一個真正發生在我們身邊的故事，我們都親身參與，一同走過……。

天災面前，人類顯得脆弱又渺小，我們能做什麼？我們能做的，就是即刻開始正視自身與環境和物種之間的相處之道，並透過我們的力量去改變或是減輕地球的負擔。我們要從「心」開始，從自己改變開始；我們要一起攜手共創，用行動翻轉世界；我們要淨零綠生活，因為這才是人類與地球永續的解方，根據聯合國 SDGs17 項「全球永續發展目標」，我們有機會做到永續美好未來！

在 EST 初階和進階課程中，非常感恩慈濟陳哲霖師兄所設計的永續淨零 365 口訣，讓學員們簡單易懂，也更容易去和大家分享如何一起綠生活。三代表 3 心（簡約、知足、擴大愛），六是 6 綠（省水、省電省能源、低碳飲食、不浪費、低碳交通、少汙染），五是實踐 5R（不用、少用、重複用、修理再利用、清淨回收有大用）。

在 EST 進階課程中，我們不斷精進環保知識和如何分享環保觀念並影響周圍的人，我們陽明故事團志工與慈濟合作，志工夥伴們身穿水果裝，在學校玄關處舉辦環保有獎徵答闖關，讓孩子們在遊戲中學習環保知識。我們還利用暑假期間，在學校附近的超商、早餐店拍攝「環保西遊記」。還有夥伴把在 EST 課程中看到的資源分類教具，回家 1：1 製作，在學校入班

EST 第一期進階課程著重在培育學員解說的能力，這是 2023 年 4 月 25 日在科工館學員解說的情形。（圖片提供／崔艷）

說故事時，讓孩子們實際操作如何正確的資源分類，孩子們發現原來資源分類其實並沒有想像中那麼困難。這些環保教育的分享，讓我們的孩子歡心地節能減碳，歡心過綠生活。

2023 年是「世界地球日」第 53 周年，主題延續 2022 年「投資我們的星球」，希望能扭轉過往以消耗自然資源來創造經濟的發展模式，改為投資環境保護與生態保育，以永續人類及多樣性生物的共存。這是反思人類如何對待我們地球的機會。「我們已證明，齊心合力，我們可以應對巨大的挑戰，享有健康環境的權利愈來愈得到重視。但是，我們還需要做得更多，速度也要大幅提高，特別是為了避免氣候災難。」因為我們只有一個地球母親，我們必須盡一切努力保護她。

莫忘慘痛教訓 走回莫拉克現場

林維毅（慈濟志工）

2022 年 4 月 22 日世界地球日當天，高市府教育局、國立科學工藝博物館與慈濟基金會簽定三方合作備忘錄，以推動環境教育志工培訓為三方合作之共同目標，甫於 2023 年 1 月 17 日，圓滿 EST 環境教育志工第一期基礎訓練，隨即打鐵趁熱，於 2023 年 3 月 28 日舉行 EST 環境教育志工進階培訓始業典禮。

此次進階培訓學員，主要由通過第一期環境教育志工基礎訓練的學員篩選出來。課程重點之一，要讓學員利用科工館與靜思堂的布展，實際練習如何進行導覽，透過準備、練習、發表，來培養學員的「表達力、文案力、敘事力、創造力、數位力與行動力」。

學員可以擇一使用科工館莫拉克風災紀念館及高雄靜思堂慈悲科技館，來進行導覽，我選擇的是科工館莫拉克風災紀念館的第一個展館，介紹莫拉克風災時小林村滅村的原因。

一般人都知道莫拉克風災的慘重，但知道詳細原因的人並

不多。其實它是一個複合性災難，8月9日凌晨六時許，小林村東北方的獻肚山因暴雨侵襲而嚴重崩塌，土石順著坡道向下滑動、大口吞噬小林村9至18鄰約100多戶房屋。土石堆積堵塞旗山溪，出現臨時的堰塞湖，大約一小時後，堰塞湖支撐不了巨大的水量，土堤瞬間潰堤，累積的水量傾瀉而下，猶如水庫潰壩，小林村被這突如其來的洪水完全淹沒。

　　展館裡掛滿風災前後的巨幅空拍照片，天災改變地形、地貌，讓人怵目驚心，文字說明則較簡略，或許是有意留白，讓導覽者有較大的詮釋空間，幸好網路上關於這部分資料相當豐富，廣泛閱讀之後，可以摘錄出充分的導覽內容。

　　試講當天，一直到上場前還反覆記誦相關數據，並且要將

展館裡掛滿風災前後的巨幅空拍照片，天災改變地形地貌，讓人怵目驚心。（攝影／林維毅）

數據轉化成聽眾生活經驗上能夠理解的事物，以此吸引聽眾的注意力，看著聽眾表情隨著導覽內容而改變，我知道已經達到部分效果了，可惜時間掌握得不好，無法講完整個展廳，這部分還需要大量練習，才能駕輕就熟。

環保從心做起

陳嬿如（高雄市大同國小志工）

在未參與 EST 課程之前，對於「環保」這個詞，感到既熟悉又陌生。熟悉的是一堆口號，例如：隨手關燈、節約用水、減塑政策等；陌生的是方法——如何將環保實用化與生活化。

還記得第一堂課由陳哲霖師兄教授的「SDGs 十指口訣」，將聯合國的 17 項全球永續發展目標編排進來，以及「環保十指口訣」、「永續淨零 365 口訣」等，用簡單的口訣以及別出新意的桌遊方式來增添記憶，讓在推動上更活潑有趣。

在後續的課程中學到，原來「蔬食」與「零廚餘」也可以

2022 年 10 月 28 日到中正高中與慈濟志工一起宣導環境教育，圖中是學生闖關的情形。（圖片提供／陳嬿如）

救地球。大氣甲烷主要來自牲畜與剩食，每年的排放量占溫室氣體總量的 12％，全球有超過 75％的農地都用於飼養動物，作為我們的食物來源，導致森林大規模摧毀，我們可以利用的土地卻愈來愈少。（節錄自遠見雜誌 https://esg.gvm.com.tw/article/7624）

我們能做的很簡單，就是茹素與減少不必要的食物浪費，再來就是多種植樹木。很高興能隨慈濟志工到中正高中宣導環保意識與減碳活動，透過志工們不斷的推廣，讓孩子們了解與感受環保的重要性。

2022 年 11 月 19 日在楠梓都會公園參與「年度扶輪家庭日共植樹活動」，在孩子心中也種下愛護環境的幼苗，一起為守護地球努力。（圖片提供／陳嬿如）

EST——人間四月天最動人的協奏曲

李秋月（高雄）

　　四月，春風輕拂大地，高雄靜思堂滿園春意，嫩葉如蝶隨風翻飛，花兒在枝頭展露歡顏，鳥兒在樹影婆娑中歡唱，他們正在為 2022 年 4 月 22 日世界地球日鋪陳一首美好的樂章……。

一場盛會隆重登場

　　這一天，高雄靜思堂的志工忙裡忙外，只為了春日裡的一大盛宴——高雄市政府教育局（Kaohsiung City Government Education Bureau）、國立科學工藝博物館（National Science And Technology Museum）與慈濟基金會（Tzu Chi Foundation）為了擴大環境教育影響力，三方共同簽訂的「環境教育合作意向書」。

　　這場盛宴屬於跨界、跨域結合三方的合作共構，為了達成永續發展的未來願景，共同辦理環境教育志工培訓計畫（以下統稱為 EST 環境教育志工）。這場盛宴雖不華麗，卻是一個隆重的宣言！與會者跟著「節奏」打拍，和著歌曲哼唱，每個人

陶醉、動容於讓地球永續發展的願景中；這場盛宴沒有尖叫、激情，有的只是心中對地球媽媽的許諾——願青山常在、綠水長流。

志工是重要的音符

臺灣最美的風景是「人」，而志工是風景中的「優勝美地」。因為EST，大學助理教授、小學校長、老師、食農講師、家長會長、國家公園志工、圖書館志工、科工館及慈濟志工等，來自各方領域的菁英共聚一堂聯手合奏一曲名為「環境教育志工培訓」的樂章，他們都是這首曲子的音符。這些音符將會帶動高雄市校園愛心媽媽與社區志工環境教育的素養和行動；這些音符也會帶著更多音符，將永續發展教育、淨零排放、蔬食救地球等具體環保行動，落實推廣到學校、家庭與社區，讓環保落實扎根於每位聽過這首優美曲目的學子、民眾心中。

兩位校長的聯彈

精神抖擻、雙眼矍鑠、從不缺課的蔡進元校長說：「聯合國所提出來的永續環境 SDGS 十七項目標，是要靠教育的力量才能夠去完成，所以我在學校校務推動的過程當中，關注整個

環境教育的永續經營，也在私領域用自己的一分心力去付出。」

　　「我們帶給學生很多環保的意識，也在校園裡面推動環境永續的工作，加入愛護環境救地球的行列。」氣質優雅動人、手受傷綁著繃帶、仍堅持來上 EST 課程的何淑貞校長表示，愛護地球不是口號，是責任與使命交織而成的美麗樂章。

愛地球需要每個人的力量

　　今日的地球，在溫室效應下，已如鮪魚陷於泥濘，只能做最後的奮力逆游！愛護地球是今日不做，明日馬上會後悔的一件大事！我們這一代人，一定要聲氣婉轉相通，才能讓環保的

2023 年 1 月 17 日 EST 第一期環教志工初階培訓圓滿，於高雄靜思堂舉行結業式。（圖片提供／周幸弘）

歌聲傳遍每一個山野、樹巔、天涯、海角。有些事，只能一個人做；有些路，只能一個人走；愛地球卻是每個地球公民該盡最大的心力，人人都應發心的互利行動。

高雄市是一個幸福、美麗的城市，「EST」環境教育志工培訓課程是為幸福加分的美麗樂章，它是最動人心弦的前奏曲；期許它從高雄傳唱，進而唱到臺灣各城市甚至全世界，結合所有人的心力，為地球打造永續發展的願景。

我們不是聽歌鼓掌的觀眾，我們都是齊心盡力合唱這首環境教育曲目的主唱；環保教育的路迢迢，但我們不寂寞，因為同行、合唱的是「你、我、他」協奏曲。

活動側記（一）
EST 環境教育第二期初階志工培訓課程開課典禮

林清雄、楊慧盈、余沁嶺、吳晶琳（人文真善美志工）

攝影 黃靜梅

2023 年 9 月 19 日在高雄靜思堂舉行 EST 環境教育志工第二期初階培訓開課典禮暨第一堂課程，有學員 74 人、小助教 10 人、科工館貴賓、教育局貴賓、環教團校長群及工作人員約 120 人參加。

「今天來高雄靜思堂參加 EST 環境教育志工第二期初階培訓開課典禮，內心澎湃不已，不禁想起當初我們共同播下『種子』，一年多來已堅定穩定地發芽、日益茁壯。」榮譽督學呂淑屏是今日的貴賓，有感而發，道出心中的感動。

跨域合作 三方共構培育志工

何謂「EST」？由高雄市政府教育局（Kaohsiung City Government Education Bureau）、國立科學工藝博物館（National Science And Technology Museum）、 慈 濟 基 金 會（Tzu Chi

Foundation）在 2022 年 4 月 22 日「世界地球日」這一天，三方
跨界、跨域合作共構，用愛串聯首創「EST」，簽訂五年「環境
合作意向書」，擴大環境教育影響力，共同辦理環境教育志工
培訓計畫。

　　每一期規劃為 9 堂課，27 到 28 小時的初階課程，以提升校
園愛心媽媽與社區志工環境教育素養和行動為目標，培訓為環
境教育種子，落實在學校、家庭與社區推廣環保理念或行動。
第二期初階志工培訓課程，除了環境倫理、永續發展、氣候變
遷、災害防救與能源資源永續利用等五大主題外，這次課程更

2023 年 9 月 19 日高雄靜思堂舉行 EST 環境教育志工第二期初階培訓開課典禮暨
第一堂課程，有學員 74 人、小助教 10 人、科工館貴賓、教育局貴賓、環教團校
長群及工作人員共 100 多人參加。

加入「2050 淨零永續」主題。74 位學員，於 10 位小助教陪伴下，共同接受一場嶄新的愛護地球、環境新知探索。

當今氣候危機惡化，已超越科學家所預估的嚴重程度，從「氣候變遷」到「氣候緊急狀態」，今年「地、水、火、風」災難頻傳，地球已達「沸騰」狀態；無論是洪水、颱風、野火肆虐，那是大自然對人類的反撲，全球暖化和極端氣候已是不可逆的趨勢。因為來不及，所以我們必須加緊腳步走入社區、校園宣導，影響社會大眾。

三方代表 真情獻祝福

開訓典禮中，教育局陳盟方科長表示，教育局配合中央推動環境教育已經很多年了，一直在思索如何突破現狀，增加學生的「有感度」？他觀察到，其實家庭、社區是非常重要，但卻是時常被忽略的區塊，期待在培訓環境教育志工要加緊腳步，來宣導環境教育議題新概念。透過「渲染學習」讓大家對一個議題的熱愛、關心，更快地融入，一起追尋共好。「希望一個人走一百步，不如一百人走一步，發揮團隊力量，為拯救環境而努力。」教育局陳盟方科長期待志工研習能繼續下去，期待人人成為環境教育志工。

　　國立科學工藝博物館副館長吳佩修開場表示，由於李秀鳳館長公差出國，由他代為表達心意，科工館在十多年被現在的環境部（以前稱為環保署）認證為環教場館，算是全臺第一個，歡迎大家多多利用該場域。話鋒一轉，他語重心長地說，聯合國已警告，全球暖化時代結束了，如今進入「全球沸騰」時代，因為來不及，所以我們必須加緊腳步。吳副館長說，從教育的面向切入是非常不容易的，但是大家都選擇這條困難的路，就像證嚴上人說過：「教育就是要改變人的一個心，我們從源頭開始去做。」

　　「任重道遠，我們如果從心裡發願，從心裡有認知決心要做，相信點點滴滴、積沙成塔滴水穿石，我想我們可以承接巨大

培訓學員認真聽講，並不時拿起手機，將講師精彩的上課簡報拍下，以輔助記錄上課筆記。

的力量，最終一定能夠看到改變。」他以真誠的語調鼓勵大家。

慈濟基金會執行長辦公室主任王運敬，為了今天這一場活動，風塵僕僕、不辭辛勞於前一晚 11 點多才從印尼雅加達回國，9 月 19 日一早搭最早的高鐵兼程趕來，如此拚搏獲得大家的掌聲。他表示，今天來到高雄最主要是來跟科工館、教育團隊、還有校長團隊、以及在座的大家，一起為了環境教育的這份熱情道感恩，大家聚在一起是非常殊勝時代裡很重要的因緣，有志一同為推動「淨零排放 2050」目標努力，這不僅是高雄市教育界的一大步，也是對環境推動環保的一大貢獻，將環境教育保護視為使命，一起努力！

呂淑屏榮譽督學更希望經過培訓的志工，都能進階成為小助教，進而在各場域導覽，讓已發芽的 EST 種子能夠繁衍成林。44 年的教育生涯，於 2023 年 2 月 1 日從陽明國小屆齡退休，現被教育局遴聘為榮譽督學的呂淑屏，過去不僅是「高雄市環境教育輔導團」召集人，更是 EST 三方合作不可或缺的靈魂人物之一。

呂淑屏督學提到，因為時任「環教團召集人」（諧音「著急人」），所以很著急，在推動過程中，發現其實很多人默默

在做，如果能夠把這些力量集合起來，力量加乘，效法大雁在高空總是成群結隊向前飛行，相互借力和互幫互助，終於覓得好因緣，三方跨界、跨域合作共構，用愛串聯「EST」，印證「一個人走得快，一群人走得遠」這句話的道理，一起學習，一起成長！

環教種子 一生無量

在靜思堂和敬廳講堂從 10 組桌號的學員編組，可以看到每一組皆有穿著淺綠色環保 POLO 衫的成員，成為課堂上獨樹一幟的特殊風景。他們是這次 EST 環境教育第二期初階志工培訓課程，特有的愛的團隊「EST 小助教」和「行政助教」。由 EST 課務組，從已經完成 EST 環境教育第一期初階和進階志工培訓課程的學員中進行招募，來傳承「小助教」、「行政助教」任務，他們除了陪伴新進學員，也開始練習承擔環境教育場域導覽。有行動才有感動，讓環境教育種子遍地開花，人人都是環保高手，人人都是愛地球的勇士！

美國作家亨利‧大衛‧梭羅（Henry David Thoreau）在《種子的信仰》一書有段話：「雖然我不相信沒有種子的地方，會

有植物冒出來，但是，我對種子懷有大信心。若能讓我相信你有一粒種子，我就期待奇蹟的展現。」美麗星球需要我們共同維護，與大自然融為一體，地球宇宙是宏觀，不能以人類的微觀來衡量，自然在最微小處最卓越，每一位用心投入環境教育的志工，宛若一顆顆的小種子，以謙卑的心面對大地，善盡微光之力，留給子孫一個乾淨的地球！

1. 本期第一次課程特別邀請到留美攻讀自然資源管理暨環境教育、在實踐大學、國立臺南大學擔任客座教授的許毅璿博士主講「愛自然的哲學觀—— 環境倫理之理論與實踐」。
2. 環教團師長與慈濟志工合影。教育局為提高環境教育品質，於各縣市設立教育局環境教育輔導團（簡稱環教團），召集人、副召集人由局長就學校校長聘兼之。輔導員若干人，由局長就學校教師遴聘兼之。
3. 國立科學工藝博物館副館長吳佩修表示，科工館在十多年被現在的環境部（舊

稱為環保署）認證為全臺第一個環教場館，歡迎大家多多利用該場域。

4. 教育局陳盟方科長表示，家庭、社區非常重要但卻是時常被忽略的一個區塊，期待在培訓環境教育志工要加緊腳步宣導環境教育議題新概念。

5. 慈濟基金會執行長辦公室主任王運敬，為了今天這一場活動，風塵僕僕於前一晚深夜自印尼回國，一早搭最早的高鐵兼程趕來。

6. 穿著淺綠色環保 POLO 衫的成員，是由已完成 EST 培訓課程學員來傳承「小助教」、「行政助教」任務，他們除了陪伴新進學員，也開始練習承擔環境教育場域導覽。

7. 榮譽督學呂淑屏擁 44 年教育生涯，過去不僅是「高雄市環境教育輔導團」召集人，更是 EST 三方合作不可或缺的靈魂人物之一。

活動側記（二）
五倫之外新六倫 愛自然的哲學觀

林清雄、楊慧盈、余沁嶺、吳晶琳（人文真善美志工）
攝影 黃靜梅

2023 年 9 月 19 日在高雄靜思堂舉行「EST 環境教育志工第二期初階培訓開課典禮暨第一堂課程，特別邀請到留美攻讀自然資源管理暨環境教育、在實踐大學、國立臺南大學擔任客座教授的許毅璿博士主講「愛自然的哲學觀──環境倫理之理論與實踐」。

近數十年環保意識從抬頭而趨成熟，這不單是來自於政府單位和民間團體的推行，凡有識者在個人衣、食、住、行上的自我要求，都能使得「節能減碳」、「環保愛地球」從口號變成實實在在的「時代運動」。

「2023 年 EST 環境教育志工第二期初階培訓課程」結合了高雄市政府教育局、國立科學工藝博物館以及慈濟基金會三方的跨域合作，並訂於 2023 年 9 月 19 日在高雄靜思堂展開為期 3 個月、9 次課程中的第一堂課。本次活動啟業式伊始即闡明：環

境與人之息息相關，地球暖化如今已經演變成了「地球沸騰」。
面對大自然的反撲，當前環境教育刻不容緩。

環境倫理是環境教育必修科目

此次課程，特別邀請了留美攻讀自然資源管理暨環境教育，
在實踐大學、國立臺南大學擔任客座教授的許毅璿博士主講：
「愛自然的哲學觀——環境倫理之理論與實踐」。

許毅璿博士開宗明義於課程一開始說明，為什麼「環境倫
理」是環境教育的必修科目？他說：「環境教育的本分，在於
回應社會上實際的環境問題，而這些問題都具有時間的急迫性
或價值觀的爭議性。」再者，環境教育必須準確地回歸到問題
的本質，以促使「環境問題得到解決」的目標。因此，要做好
環境教育必先處理人的價值觀，故環境倫理主張「尊重生命」、

用鏡頭喚起世人對於環境的關
注，是刻不容緩的當務之急。

「社會正義」兩大信念。

許教授以淺顯易懂的方式向學員說明：「我覺得在每個人的 DNA 裡面，原本就已經存在對自然的保護使命，因為人類本身就是自然的一部分，跟萬物是合一的。當然這個 DNA 長期睡在我們的身體裡，是要被喚醒的，而我被喚醒的那一年，應該是 7 歲……」此語一出令眾人好奇，拉長耳朵想要好好聽一聽，許教授到底是要說出什麼樣的往事呢？

他說，小時候曾和家人同遊合歡山，原本愉悅的心情，卻因為看到人們在武嶺地標處隨意丟棄垃圾，破壞環境而嚎啕大哭，讓雙親非常地不解，為何開開心心出遊的孩子，好端端地卻哭成淚人兒？原來他知道山下的垃圾都開往山上的山谷裡傾倒，美麗的山谷成了垃圾場，心中非常不捨，卻無能為力，只能心痛地哭泣。

許教授憶起往事笑著說，可能自己比較早熟吧？回想起來，當時小小年紀的他，其實已在內心種下了為環保努力的第一顆種子。念大學時，修讀環境科學，期間幾次做河川調查時，親眼見到被毒死的大量魚、蝦、貝類，當時一邊撿拾一邊掉淚的他，更明確地立下未來將致力於環境教育的志願。

以事顯理 啟發人心

螢幕上秀出 10 張破壞環境驚悚的照片，學員林妤僑表示，對於小朋友在布滿垃圾的河流戲水，露出頭來都是垃圾及瓶罐，最感震撼。清澈河流、魚兒的故鄉，竟然成了垃圾場，怎不教人心痛哭泣呢？難道要在我們這一代把大自然徹底破壞嗎？林妤僑提到平常會帶著孩子去淨灘，她覺得來上課吸收到很多以前不曾知道的知識，希望能從自身改變才能影響他人。

另一位學員洪羽綸則說烏龜吃塑膠袋，鳥隻誤食飲料塑膠蓋，塑膠製品帶來生活上的便利，瓶裝水的問世成為人類的寵兒、會議上、旅遊外出人手一瓶，相對地破壞了環境；工業廢水汙染了河川、海洋；塑膠袋流向海洋，烏龜、魚類視為水母而吃進肚子裡，無法消化致死。她希望透過來上課，讓自己懂得更多、更有能量，來走出家庭，貢獻社會。

「小助教」許雅婷去年參加第一期的培訓課程，本身是龍華國中的志工媽媽，希望自己多吸收環境教育的知識，可以從影響自身開始，進而影響孩子、家人以及周遭的人，發揮棉薄之力，為環境教育盡些心力。

「小助教」楊愉粧覺得，來上課對於自己而言是「再度教

育」，自從參加完第一期的培訓課程之後，也開始參加學校的環保回收工作，體會「只要有心，事就不難」，知道了還要做到，才是真知道。

讓人印象深刻的，許教授說中國傳統社會向來重視所謂的「五倫」：即是基本的五種人倫關係，即父子、君臣、夫婦、兄弟、朋友五種關係。除此以外，現今應該強調「第六倫」，也就是「環境倫理」，也就是「人和自然的關係」，而「尊重自然與生命」的倫理觀亦是必須前進的，不能只停留在垃圾減量、降低汙染或保護物種……等表面問題上。

走進大自然 投入「家」的懷抱

隨後，許教授在闡述何謂「環境倫理」時提及，1854 年美國一位印地安酋長西雅圖，在面對外來的掠奪者時，他說：「你們怎麼能夠買賣天空、土地的溫柔、羚羊的奔馳？」「若空氣的清新與水的漣漪不屬於我們，我們如何賣給你們？」多麼睿智又令人心痛的一段話啊！是的，日月星辰、山林花鳥各有其存在的意義，他們不歸屬人類所有，其價值也非人類所能定義。

課程結束前，一幀許教授在南美洲伊瓜蘇瀑布旁拍攝的照片，打開了記憶的寶盒，縱然彼時彼景已過許久，許教授提起

當時仍喟嘆著景色之壯美！身處其中除了感受到自身微渺，更有種走進大自然其實才是「回家」之感。

二千多年前，道家莊子以「天地與我並生，萬物與我為一」的哲學思想來告訴大家「萬物齊一」的道理，況不論是新臺幣鈔票背面所印的櫻花鉤吻鮭、臺灣帝雉、梅花鹿……皆是這天地萬物中的平等一份子，而身為智人且是其中一份子的我們，聽聞教授的醍醐灌頂之後，應好好思索，是否能善用智慧，珍惜地球、尊重生態，澆灌這環境教育的種子，方能長出希望之芽，一代接一代與萬物共生！

1. 本期第一次課程特別邀請到留美攻讀自然資源管理暨環境教育、在實踐大學、國立臺南大學擔任客座教授的許毅璿博士主講「愛自然的哲學觀——環境倫理之理論與實踐」。
2. 許毅璿博士認為，在每個人的 DNA 裡面原本就已經存在著對於自然保護的使命，這個 DNA 長期睡在我們的身體裡，是需要被喚醒的。

3. 許毅璿教授在螢幕上秀出 10 張破壞環境的驚悚照片，讓臺下學員來分享哪一張最為震撼？並分享心中的想法，雙向互動的上課方式生動有趣。

4. 小助教許雅婷（左）本身是龍華國中的志工媽媽，希望自己多吸收環境教育的知識，可以從影響自身開始，進而影響孩子、家人以及周遭的人。

5. 學員林妤僑（左）覺得，來上課吸收到很多以前不曾知道的知識，希望能從自身改變才能影響他人。另一位學員洪羽綸（右）希望未來更有能量走出家庭，貢獻社會。

6. 小助教楊愉粧（左）覺得來上課對於自己而言是「再度教育」，自從參加完第一期培訓課程後，也開始參加學校的環保回收工作，體會「只要有心，事就不難」的道理。

06

美麗晨曦 看見希望
—— EST 數據分析與建議

彭子芳（慈濟志工、國小退休主任）

　　取之教育、用之教育。隨著氣候變遷、全球暖化日益嚴重，師法自然、人和自然和諧共處是我們邁向永續發展唯一的路。高雄市在 2022 年 4 月 22 日「世界地球日」這一天創造了「EST」，建構環境教育的黃金三角，看見跨域合作推動環境教育的美麗晨曦。

跨域合作 廣邀環教有心人

　　如果大地不平安，我們學校可以平安上課嗎？如果家長可以成為我們學校的環境教育志工，推動環境教育工作是否可以更落實在社區、在家庭？EST 共同簽訂「環境教育合作意向書」，是希望透過教育局的教育之美、國立科學工藝博物館的科技之美和慈濟基金會的環保慈悲之美，一起營造永續共好的美麗城市。

　　2022 年 3 月 29 日，配合陽明國小慶祝兒童節活動，慈濟志

工入校辦理環保分站闖關活動,當時呂淑屏校長、家長會長和故事媽媽團隊一起投入,帶領各班學生從遊戲闖關中,了解珍惜物命、減塑愛地球的行動非說不可、非做不可,大人小孩都很感動。所以後來陽明國小主任就跟我們慈濟環保推廣團隊借用環保分站闖關教具,希望在校內繼續推廣;但是,拿到教具之後,老師們卻不會使用。因此,淑屏校長建議辦理環境教育志工培訓,為校園推動環境教育增加更多的人力和資源。

結合 EST 三方推動環境教育工作團隊的專業素養和實踐經驗,2022 年 8 月 3 日 EST 第三次合作會議時,大家一起確認通

2022 年 3 月 29 日配合陽明國小慶祝兒童節活動,慈濟志工入校辦理環保分站闖關活動,呂淑屏校長、家長會長和故事媽媽團隊齊投入,帶動全校師生一起珍惜物命、減塑愛地球。(攝影/董中驥)

過「2022 高雄市 EST 環境教育志工培訓計畫和課程表」，隨即展開第一期初階志工培訓的招生工作。

　　一棒接一棒，棒棒是強棒！結合 EST 三方工作團隊的專業與優勢，由國立科學工藝博物館製作招生海報，慈濟基金會設計網路報名系統和課程表的 QR Code，再由教育局以電子公文將「2022 高雄市 EST 環境教育志工培訓計畫和課程表」傳送到高雄市高中、國中、國小等各個學校。

善用科技 分析 EST 學員真實相

　　感恩慈濟基金會柳宗言師兄的專業素養，善用 Ragic 系統平台，建立「EST 環教志工培訓」數位平臺。舉凡 EST 學員報名資料、上課地點、老師名單、小助教名單、課程清單、學員點名單、請假單、學員出席狀況、環境教育文件管理系統和 EST 環境教育課程學習回饋單，皆可在雲端操作建檔，對於 EST 環境教育志工培訓課程的進行，裨益良多。

　　在招生過程中，不僅可以讓 EST 三方透過 Ragic 雲端，隨時了解報名人數和學員的服務單位，從學員分析表中的身分類別、服務機構、行政區域和性別，可以清楚地看出高雄市各級

學校和機關團體，參加 EST 環境教育志工培訓的情形。

　　感恩 EST 的合作，看見時間、空間和人與人之間的互動對推動環境教育的影響力，從初階學員圓餅圖分析，我們發現 EST 第一期初階學員和 EST 第二期初階學員在「身分類別」、「行政區域」、「性別」三方面的差異變化。（以下圓餅圖資料由慈濟基金會柳宗言師兄提供）

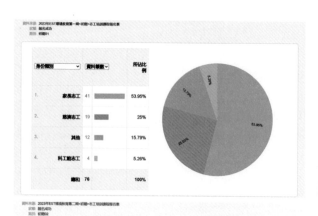

第一期 EST 初階學員「身分類別」分析表

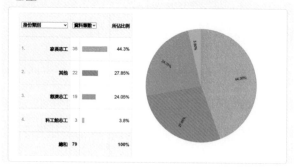

第二期 EST 初階學員「身分類別」分析表

以學員「身分類別」來看，第一期初階學員56.25%來自「家長志工」，23.75%來自「慈濟志工」，5%來自「科工館志工」，所以明顯看出學校家長志工參與率比較高。而科工館可能有自己館內的培訓機制，所以參與人數不多。

在第二期的身分類別數據分析中，可以看出「家長志工」還是佔最高比率，初階學員44.3%來自家長志工；比較特殊的現象是「其他身分類別」佔居第二位，高達27.85%。依據EST工作團隊側面分析，第一期招生和第二期招生模式不同，第二期的招生管道除了透過教育局發文給三級各個學校，也有透過EST第一期學員廣為宣傳，推薦很多有志推動環境教育的朋友來參與，所以「其他身分類別」的學員比率明顯拉高。

以行政區域來看，第一期EST學員橫跨13個行政區域，其中以三民區21.25%最高，有17位學員參加，最遠一位學員來自梓官區。

第二期EST學員以行政區域來看，橫跨14個行政區域。岡山區有增加3位學員，大寮區增加6位學員，橋頭區的學員減少。其中參加學員最多來自鳳山區，有17位；三民區人數減少，只有6位，排到第六順位。

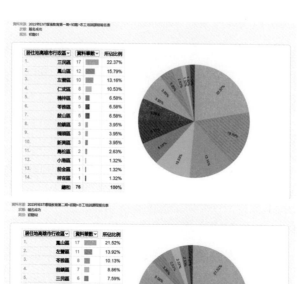

資料來源：2022年EST環境教育第一期~初階~志工培訓課程報名表
試算：羅名成功
頁碼：初階01

居住地高雄市行政區		資料筆數	所佔比例
1.	三民區	17	22.37%
2.	鳳山區	12	15.79%
3.	左營區	10	13.16%
4.	仁武區	8	10.53%
5.	楠梓區	5	6.58%
6.	苓雅區	5	6.58%
7.	鼓山區	5	6.58%
8.	前鎮區	3	3.95%
9.	楠梓區	3	3.95%
10.	新興區	3	3.95%
11.	鳥松區	2	2.63%
12.	小港區	1	1.32%
13.	前金區	1	1.32%
14.	梓官區	1	1.32%
	總和	76	100%

行政區域

第一期 EST 初階學員「行政區域」分析表

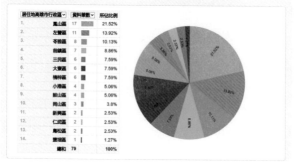

資料來源：2023年EST環境教育第二期~初階~志工培訓課程報名表
試算：羅名成功
頁碼：初階02

居住地高雄市行政區		資料筆數	所佔比例
1.	鳳山區	17	21.52%
2.	左營區	11	13.92%
3.	苓雅區	8	10.13%
4.	前鎮區	7	8.86%
5.	三民區	6	7.59%
6.	大寮區	6	7.59%
7.	楠梓區	6	7.59%
8.	小港區	4	5.06%
9.	鼓山區	4	5.06%
10.	岡山區	3	3.8%
11.	新興區	2	2.53%
12.	仁武區	2	2.53%
13.	鳥松區	2	2.53%
14.	鹽埕區	1	1.27%
	總和	79	100%

第二期 EST 初階學員「行政區域」分析表

　　在性別方面，第一期 EST 學員中，女性 71 位，高達 88.75；男性學員 8 位，佔 10%；女性比率高於男性 78.75%。

　　第二期 EST 初階培訓的學員中，男性學員比率提高一倍，共計 16 位男性學員參加，佔 20.25%；女性比率還是居多，比率高達 79.75。

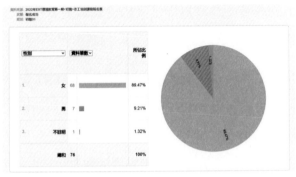

性別

第一期 EST 初階學員「性別」分析表

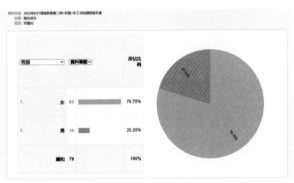

第二期 EST 初階學員「性別」分析表

　　綜合以上分析，建議下一期辦理招生活動時，可以朝多元模式推廣。例如：可以線上和實體推廣雙管齊下，一方面借重各學校及機關團體的網站，一方面設計招生海報廣為張貼。透過慈濟志工入校推動環境教育或是晨光說故事時，加以傳達招生訊息，廣為周知。並結合公私立企業機構的諮詢服務台，提供招生簡章參閱，讓多元管道、多元志工能夠有機會成為 EST

環境教育培訓志工的成員；為高雄市三級學校培訓更多校園環境教育志工，一起倡導減塑低碳行動，建造幸福城市。

感恩高雄市教育局的用心，黃藍儀小姐也將完成 EST 第一期環境教育初階志工培訓課程和 EST 第一期環境教育進階志工培訓課程學員名單，以電子公文發送給各級學校，通知各校善用 EST 優質的環教種子，共同協助學校推動環境教育。

因為愛　看見 EST 種子發芽茁壯

第一期初階培訓　環教種子遍開花

結合高雄市教育局、國立科學工藝博物館和慈濟基金會三方資源，合辦 EST 環境教育第一期初階志工培訓課程，從 2022 年 9 月 13 日至 2023 年 1 月 3 日（共 27 小時）。學員有大學助理教授、小學校長、家長會長、大愛媽媽、導護媽媽、科工館的志工和慈濟志工，共有 72 位學員參與學習。

思想改變、行動改變，透過 EST 三方精心設計的初階課程，參加 EST 環境教育志工培訓的校園愛心媽媽，不僅上課認真學習，踴躍分享愛地球行動，也把所學帶回學校跟小朋友分享。學員把課程中「環保 5R」（Refuse 不用、Reduce 少用、Reuse

重複用、Repair 修理再利用、Recycle 清淨回收有大用），落實在日常生活中。有學員分享，因為上了 EST 的課程，身體力行，發現家中的水、電費減少了。愛地球，「自己購物自己袋」，學員現在出門都會自備購物袋。

第一期進階培訓 用心導覽環保愛

從完成 EST 環境教育初階志工培訓課程的 72 位學員中，2023 年有 38 位學員勇於挑戰自己，再次報名參加進階培訓課程。從 2023 年 3 月 28 日至 6 月 6 日（共 18 小時）。

有學習就有實力，有實力就有魅力！這次環境教育進階課程的亮點，是在於學員如何融合在初階課程及進階課程所學之環境教育素養與技能，融入自己的導覽來呈現。不管是在國立科學工藝博物館「希望·未來──莫拉克風災紀念館」，或是在高雄靜思堂環境教育場域，每一位學員的每一場導覽分享，不僅內容豐富、生動活潑有創意、還會搭配國語、臺語和英語、有獎問答，真是大家一起來，各個是人才，以後都是環境教育場域的最佳導覽講師！

有學員分享：上完初階課程之後，才真正地了解到什麼是

低碳生活、環保概念的實踐。環保很簡單，就是一個生活態度，人人隨身帶五寶「杯、碗、筷、手帕和環保袋」，消費前先思考是「需要」還是「想要」，就可以減少垃圾。希望可以讓更多人正視全球暖化的危機，理解人類生活與地球永續的息息相關，帶動更多人一起來愛護我們的地球！

第二期初階培訓　環教能量愛傳承

　　EST 環境教育第二期初階志工培訓課程，在 2023 年 9 月 19 日開課囉！

　　教育就是希望，從 EST 環境教育第一期初階志工培訓課程結業典禮，和 EST 環境教育第一期進階志工培訓課程結業典禮，我們都看見 EST 學員滿滿的正能量，看見環境教育的影響力！所以 EST 課務團隊再次設計 EST 環境教育第二期初階志工培訓課程，除了環境倫理、永續發展、氣候變遷、災害防救與能源資源永續利用等五大主題外，這次課程更加入「淨零永續」主題。

　　感恩高雄市教育局、環境教育輔導小組、國立科學工藝博物館以及慈濟基金會，和第一期 EST 學員大家共同努力，來自

各級學校、各個機關團體和社區志工，共有 79 位學員報名參與學習。

教育就是愛、就是陪伴，EST 環境教育志工培訓課程有個愛的團隊，就是小助教和行政助教。課前溫馨提醒，課後親切關懷，提供最在地、最接地氣的愛與陪伴。

感恩第一期 EST 小助教和行政助教給初階和進階學員最棒的楷模學習，這次 EST 環境教育第二期初階志工培訓課程的小助教和行政助教，EST 課務組就從已經完成 EST 環境教育第一期進階志工培訓課程的學員中進行招募。不僅讓他們來傳承小助教、行政助教，陪伴新進學員，也讓他們來練習承擔環境教育場域的導覽。有行動才有感動！讓環境教育種子遍地開花，讓人人都是環保高手，人人都是愛地球的勇士。

第六章

EST 攜手共進，
共創三贏

01

氣候變遷公民素養
志工永續發展的解方

謝文斌（高雄市政府教育局局長）

2023 年，世界氣象組織（World Meteorological Organization, WMO）公布初步研究結果顯示，7 月初是地球有紀錄以來最熱的一週，更指出地球的陸地和海洋氣溫正在打破歷年紀錄，甚至可能為生態系統及環境帶來毀滅性的影響，在在顯示 1990 年代起開始受到重視的氣候變遷議題，需要加緊腳步來思考及採取行動。

尤其在世界各國無不將氣候變遷列入「必修學科」的同時，我們應正視由全球暖化（Global Warming）時代步入「全球沸騰時代」（Global Boiling）之際，如何做、怎麼落實，肯定是需要從公部門制定政策法律、民間企業展現社會責任，乃至每位公民都能覺知問題，進而從自身做起，透過跨單位協調討論，取得共識後因地制宜規劃在地性策略或行動方案，才能符合區域及在地議題。

從中央來說，教育部推動環境教育 30 年來，期間歷經 2012 年行政院頒布「國家氣候變遷調適政策綱領」、2015 年聯合國發布《翻轉我們的世界：2030 年永續發展方針》，規劃出 17 項永續發展目標（SDGs），直至 2023 年 1 月，我國《氣候變遷因應法》修法三讀通過，2050 淨零排放入法，宣告臺灣加入全球氣候行動的行列。教育部也在 2020 年提出「新世代環境教育發展（NEED）」政策，訂定 7 項策略領域，研擬了 17 項行動方案，其中「創發地方永續解方」策略領域，希望藉由盤點並診斷在地涉及環境、社會及經濟相關問（議）題提出行動倡議，並以精進及創新的概念，鼓勵學校共同參與。

眾志成城 每個人都是環境志工

2022 年 4 月 22 日世界地球日，高雄市政府教育局協同國立科學工藝博物館及慈濟基金會簽署「環境教育合作意向書」，作為跨域創發地方的解方，透過 E（Kaohsiung City Government Education Bureau，高雄市政府教育局）、S（National Science And Technology Museum，國立科學工藝博物館）及 T（Tzu Chi Foundation，慈濟基金會）的跨域結合（下稱 EST），連結教育局推動環境教育輔導小組計畫及慈濟基金會、科工館的環境教

育認證場域，與教育部「新世代環境教育發展（Need）」中長程計畫推行架構之「創發地方永續解方」相呼應，期待藉由培育更多的環境「志工」，作為我們對於邁向「新世代環境教育發展（Need）」的地方創新與解方的詮釋，共創合作的智慧良方。

教育局為推動淨零政策持續滾動修正環境教育中長程計畫，以高雄山海河港、氣候、校園型態等類型出發，階段性聚焦不同議題，融入各領域教學及校園生活，包括以「全人學習」落實環境教育推動的永續發展，學習及實踐不僅在學習場域發生，透過 EST 環境教育社區志工的培訓，引導學生、民眾對環境議題的思索、澄清價值、行動反思，以「全民共作」追求環境的改善與轉變，齊力綜整公私資源，透過定期會議取得策略共識，並轉化為行動方案，以更進一步發揮執行成效。

最後，以「全程響應」因地制宜依照不同人群、場域、資源、時間規劃創造大眾對議題的參與熱度，當民眾有更多的了解與體悟，才能為地方、為臺灣建構屬於在地環境的發展方向。

氣候變遷公民素養是我們需要具備的能力，每個人都是「志工」，而「志工」是投入這氣候變遷公民素養必備的條件，你

我都不能例外。「一個人走得快，一群人走得遠」，一起為著
環境教育努力的三方聚集在一起，透過一件一件小事集結彼此
的力量，終將逐步轉化並成就「改變」。氣候變遷志工行動，
大家都不能缺席。

02

淨零未來：共創博物館環境教育的新時代

李秀鳳（國立科學工藝博物館館長）

　　科技的進步改變了人類的生活方式，但也對環境造成了影響。全球正面臨著迫切的氣候變遷問題，頻繁發生的災害更彰顯了這種影響。在這樣的情況下，如何提升全民環境素養，甚而共同參與協助推動環境教育，以改善我們的環境，成為所有環境教育工作者無可推卸的責任。從新興科技到產業發展、氣候變遷到災害防治、能源科技到需量管理，所有的環境保護與永續評估檢討，都是為了維護人類未來美好的共同生活。

　　國立科學工藝博物館（以下簡稱科工館）自 2010 年開始秉持永續發展理念，以推動「環境教育」為使命，打造「綠博物館」願景，展現社教機構社會責任。臺灣環境教育法於 2011 年 6 月 5 日正式實施後，科工館積極努力於 2012 年取得環境教育設施場所認證，並透過展示與教育雙管齊下的方式，結合館內多項環境教育活動及主題展示，如：氣候變遷展示、莫拉克風災紀念館、樂活節能屋及永續能源創意實作競賽等，提供一般觀眾與學校師生適當的學習場域。

另外，為落實內部的能源管理，自 2015 年導入 ISO50001 能源管理系統，以系統化推動節能改善工作，期間已屢獲經濟部主辦之節能績優獎項。此外，也積極與相關單位合作，包含與高雄市政府教育局及財團法人中華民國佛教慈濟慈善事業基金會共同攜手跨界合作，於 2022 年簽訂「環境教育合作意向書」，共同支持並推動「環境教育」與「環保行動」；同時，與農業部農村發展水土保持署合作，連結臺灣在地農村產業特色開發永續環境互動展示及教具，並透過外部企業資源辦理推廣活動，讓民眾了解永續環境的重要性。

持續拓展跨域合作

在這些成功的實踐經驗基礎上，科工館將展望未來，發揮科學和科技博物館的潛力和角色，特別是在企業界 ESG（環境、社會、公司治理）理念與博物館的合作上，有著龐大的潛力，博物館將尋求與更多企業和相關單位合作，專注於循環經濟、淨零、再生能源等相關議題，提出具體計畫和方案，展現創新科技解決環境問題的實例，成為企業展示環境友善技術和創新的平台，這樣的合作關係不僅帶來雙贏，更能將理念付諸實際行動。

目前除積極與相關產業合作提案，共同打造「淨零排放展區」，並計畫與地方政府合作提送公共建設計畫，建置「綠色能源展示廳」，提供綠色能源科技展示及教育場域。此外，在既有建築實現淨零（Net Zero）的目標，也是一個具挑戰性的任務，這種做法強調將建築的能源使用和排放降至最低，並將剩餘的碳排放量完全抵銷，從而落實淨零排放的目標。實現淨零目標是一個持續的過程，需要持續監測和評估能源使用情況，目前科工館導入的能源管理系統是一個起點，未來將透過能源效率、節能措施、再生能源的運用、建築再利用和資源循環，持續改進並配合國家政策，邁向淨零建築。

　　整體來說，這些多元連結方式與做法，可以讓科工館在不同領域建立合作夥伴關係、強化自身的具體環保行動及增進環境教育能量，為公眾提供更豐富多樣的資源和服務。科工館期許自己成為永續發展的榜樣，成為國內重要的環境教育推廣平臺，引領實踐淨零排放、環保、資源節約和社會責任，激勵其他組織效法，推動整個社會邁向淨零和永續發展的方向。

　　本書集結了多人共同的努力，並對此抱持著高度的期許與寄望，願它能成為欲投身環境教育者的入門書，如種子一般植入每個人的心田，並能逐漸發芽茁壯、開枝散葉發揮其最大影響力。

03

當責環境的決心

顏博文（慈濟慈善事業基金會執行長）

　　人類對於生態的破壞、污染，原本可透過自然生態來平衡，但人類已經過度使用地球資源，產生嚴重污染；近十幾年來，地球遭逢許多不可逆的危機，由氣候變遷所引發的天災愈來愈頻繁，也愈來愈劇烈。早在 2017 年，證嚴上人即談到「生態負債日」（Ecological Debt Day），現在稱為「地球超載日」（Earth Overshoot Day）[1]，當時，上人憂心現代人隨心所欲，過度開發揮霍消費，天然資源不斷被消耗用以生產物資，又不斷地因生產過剩，讓有用成為無用，造就囤積垃圾惡性循環，地球負債的情況將愈來愈緊、愈來愈快速。1987 年，地球超載日只提早 12 天；到了 2017 年，地球已提早負債 151 天；到 2023 年，地球超載日提前了 156 天，意即人類一年使用的資源，已經要消耗 1.75 個地球才夠，現在的地球根本來不及修復再生資源。

　　1760 年工業革命以來，溫室氣體排放造成大氣中二氧化碳濃度上升，至今已陡升 51%。嚴重的碳排放造成劇烈的氣候變遷，包含石油業、天然氣、還有畜牧業等，都是廢氣排放的主因，

加上大量森林砍伐，導致溫室氣體效應居高不下。美國國家航空暨太空總署（NASA）拍攝到的地球，從二氧化碳濃度、平均地表溫度、北極冰層面積、冰層厚度下降、海平面上升等地球的生命跡象指標，都朝向惡化的方向前進，聯合國政府間氣候變遷專門委員會（IPCC, The Intergovernmental Panel on Climate Change）發表的報告，約有99%的科學家認為，是人類的行動造成了氣候暖化。

全球沸騰時代 人人更需飲食覺醒

然而聯合國（UN）秘書長古特瑞斯（Antonio Guterres）警告，地球已脫離全球「暖化」時代，進入「全球沸騰的時代」（the era of global boiling）；Humanity has opened the gates of hell「人類已經打開地獄之門」，疾呼氣候變遷的定時炸彈正在倒數計時，我們已經沒有時間可以避免氣候大災難。根據美國「國家海洋暨大氣總署」與美國緬因大學彙整的初步資料，7月6日，全球氣溫再次創下歷史新高，地球表面以上2公尺的全球平均氣溫，達到17.23℃；而2023年6月30日到7月6日這7天，則是自19世紀50年代有儀器記錄以來，地球上最熱的7天。

在「全球沸騰」時代，除了關注與期待全球領袖積極對話

合作減緩地球暖化速度，證嚴上人在 1997 年推動慈濟環保志業時，就指引全球慈濟人透過資源回收，帶動社區珍惜地球資源。唯人類的覺醒遠不及氣候急難威脅，證嚴上人更懇切教示，做為地球公民，人人素食就能時時降低對地球資源的需求，減少對環境的負擔，大地需要人類的慈悲與關懷，方能共同守護地球永續的生命線。

微軟創辦人比爾·蓋茲（Bill Gates）積極推廣素食主義，他曾分析地球溫室氣體排放占比，電力占 25%，製造業占 21%，運輸業占 14%，而細究排名第二的農業（占 24%）當中，有高達 14.5% 是畜牧業排放所致，畜牧之需源自肉食、源自人類對飲食的決定。比爾·蓋茲直指「如果牛是一個國家，那麼牛國的溫室氣體排放排名，在世界各國高居第三（僅次於中國大陸與美國、超越印度）」，時至今日，人人更需要飲食覺醒，轉型素食來守護地球。

聯合國在 2015 年宣布「2030 永續發展目標」（SDGs），包含消除貧窮、減緩氣候變遷、促進性別平權等 17 項 SDGs 目標，指引全球一起行動，邁向永續。慈濟於全世界所投注的慈善、醫療、教育、人文四大志業，加上國際賑災、骨髓捐贈、環保及社區志工一共「八大法印」足跡的實質數據，跟 SDGs 永

續發展指標進行對照，可以鑑別出慈濟在 17 項永續發展指標上皆達標。慈濟以證嚴法師的環保理念為基石，推動素食與環保，踐行永續發展，而今更需要加倍積極、同步邁進。

與國際合作倡議　擴大環保影響力

慈濟慈善深入人群，積極爭取在國際主流平臺上為永續倡議，2010 年成為聯合國經濟及社會理事會非政府組織特殊諮詢委員（NGO in Special Consultative Status with ECOSOC），參與聯合國信仰組織評議會、聯合國環境規畫署等國際機構召開的公共會議。自 2012 年「第 18 屆聯合國氣候峰會」COP18 開始關注氣候變遷會議，COP 19 受聯合國氣候變化綱要公約（UNFCCC）邀請，成為 UNFCCC 的正式觀察員，成為非政府組織之一。聯合國官員相當肯定慈濟的加入，尤其看重慈濟在實務上的經驗、以及在因應氣候變遷的共同努力。

2023 年 11 月「第 28 屆聯合國氣候峰會」COP 28，慈濟與超過 20 個組織合作，進行十餘場周邊論壇、訪談節目、跨宗教對話與祈禱，另陳列展示環保減塑、醫療減排廢氣、提升公眾環保意識的具體成果，期許透過串聯跨域的力量，更廣泛帶動改善氣候變遷的行動，拯救地球。

迎向 60 周年，慈濟致力邁向永續、更發揮影響力，呼應聯合國永續發展的 ESG（環境保護 Environment、社會責任 Social、公司治理 Governance）。在台灣與「2050 淨零轉型政策」並進，展開能源、產業、生活和社會轉型四大政策以及科技與法制二大基礎的提升，2021 年中宣示「淨零排放」以科學基礎方法（Science-Based Targets， SBT）從溫室氣體盤查開始訂定減碳目標，朝著 2025 年碳排放零成長，2040 年碳排放減 50%，期於 2050 年達成淨零排放目標。其中 2023 年擘劃了 34 處靜思堂建置太陽光電案場，設置太陽能電池；導入創新合作夥伴進行能資源管理；以大數據 AI 進行電力負載預測；在關渡及台中與 U-Power 快充合作，朝向綠色創能、智慧儲能、精準用能。

面向社會各階層 推進環境教育

面向社會各階層發揮影響力、推進環境教育，是攸關存續的永續使命，慈濟以環保即生活、扎根在教育為念，用貨櫃打造的行動式環保教育車已邁入第二代，包含淨零綠生活、循環經濟、淨零排放三大環境教育主題、22 個闖關互動遊戲的行動環保教育車，截至 2023 年 11 月已走遍 15 縣市，在中小學校園、公共場域展出 90 場次，吸引師生民眾逾十萬人次體驗學習，預約檔期更已排到 2025 年 3 月，足見廣受肯定。

2021 年與臺灣大學葉丙成教授合作的 PaGamO 推動防災教育競賽，是因應新冠疫情、消弭數位落差而生，讓學童藉 PaGamO 遊戲化數位學習平台，除了複習高國中小學科課業外，更融入豐富扎實的環境保護與防災教育，辦理國際環保防災電競賽，廣邀臺灣、新加坡、印尼、馬來西來、美國、加拿大等六國參賽，臺灣地區兩年來更累積超過 1,624 所學校、共計超過 18 萬人次參與，深度推動環保永續教育。結合「知識、學習、趣味」之模式，建立對環保與防災之正確知識、技能、態度及價值觀，學習氣候變遷對人類生活的影響，透過遊戲趣味與互動學習，讓環境教育觀念深植於孩子腦中，更將淨零綠生活落實為日常友善環境的行為。

在 2023 亞太暨臺灣永續行動獎，慈濟拿下包括 SDG04- 環境防災教育 PaGamO、SDG03- 環保輔具慈善永續、SDG12- 來訂 VO2 降低 CO2 三項金獎，皆是以環境永續做出發，在環境教育、慈善關懷、飲食生活各方面的體現與成果。而為了引領蔬食成為潮流，慈濟 2023 年在松山打造了複合式植物飲食基地「植境」，集逛展、品書、嚐鮮、課程、營養、學廚、工作坊等創心推素元素，正是希望青年世代獲得嶄新的蔬食體驗，欣然成為地球解方的一份子。

構建 EST 三方合力示範點 環教更給力

而在 2022 年世界地球日，高雄市政府教育局（Kaohsiung City Government Education Bureau）、國立科學工藝博物館（National Science And Technology Museum）與慈濟基金會（Tzu Chi Foundation）三方共同簽訂「環境教育合作意向書」，我們非常榮幸構建 EST 三方合力，擴大環境教育影響。

慈濟將多年投入環境保護、慈悲科技、多元環教的經驗及教學模組，透過行政院環保署（現為環境部）頒定為「環境教育設施場所」的高雄靜思堂，歡迎並且提供各界學習者，包括大學助理教授、小學校長、老師、食農講師、家長會長、國家公園志工、圖書館志工、科工館、慈濟志工等所有對環境教育的有志者，參加政府認可、專業新進、資源豐實的「環境教育志工培訓」。所培育的環境教育種子，將是系統推進高雄市校園、社區與家庭永續發展教育、淨零排放、蔬食救地球等環保理念與行動。素質優、熱誠足、面向廣的環境教育專業團隊，在高雄邁向「高雄新世代 環教新 Style」典範都會的進程中，我們有幸攜手，是本份、更是肯定。

此次的 EST 試金石，對慈濟基金會而言亦顯珍貴，我們期

許擴大面向、與時俱新，深切相信能在高雄建立官方、科普、民間三足鼎立組建的環教示範點，未來不但值得全臺各縣市環教借鏡、更有機會邀請慈濟基金會海外各國分支會、國際學校往訪交流，讓高雄 EST「環境教育合作」發揮更跨域廣袤的效益。

2023 全球風險報告書 Global Risks 2023 提到，"Today's Crisis, Tomorrow's Catastrophes."，今日所種下的因，就是明天的果實。面對全球氣候急難（Climate Emergency）嚴峻，同時飽受戰爭、瘟疫威脅，唯有人類以行動實踐慈悲，「虔誠、齋戒、茹素」每個人從自身做起，環保茹素、簡約生活，才是人心淨化、寰宇祥和、人類永續的良方妙藥。欣見本書的誕生、詳載高雄 EST「環境教育合作」的初衷與歷程，我們需要和下一代共同肩負氣候災難的後果及人類永續的契機，此書寫下開端，也記載了我們當責環境的決心。

【註 1】 「地球超載日」就是標記人類用盡了地球一整年可以更新的所有生物資源的那一天，是由聯合國一家屢獲殊榮的國際研究非營利組織「全球足跡網絡」（The Global Footprint Network），統合數據資料形成最合理的假設，來評估人類使用地球資源的狀況。

04

種子的奇蹟

呂淑屏（高雄市教育局榮譽督學、陽明國小前校長）、
彭子芳（慈濟志工、國小退休主任）

　　有一句靜思語：「一個人不能吃盡天下飯，一個人不能做盡天下事。」團隊合作力量大！我們籌劃出版這本書，除了記錄我們如何跨域合作，和一路走來的足跡之外；也希望在跨域合作的同時，可以影響更多人，一起來擴大環境教育的影響力，一起守護地球。所以我們的書名當初的寓意即為：「這本書就是一棵大樹，也是一顆種子。」

大愛的串連 種子的奇蹟

　　本書的第一章是「從搖籃到搖籃，永續發展正時興。」經由學者專家對聯合國永續發展 SDGs 的論述，進而到我們國家推動環境教育永續發展的目標；學者專家提出的見解與看法，對於有志於推動環境教育，守護台灣家園的環保人士，在倡議與活動、探究與實作、展場解說和科普解析具有相當大的影響力。

　　氣候時鐘和研究數據會說話，「全球暖化」已經是過去式，

303

一個威脅人類生存的「全球沸騰時代」正來臨。此書的出版，希望透過文字的力量，讓書成林，讓書沸騰你我的心，共同維護這一代的生存環境，才不會危及下一代的生存福祉。

我們在第二章至第四章，完善地敘述 EST 三方在各自領域努力的歷程，因為有共同的目標、有共同的信念，跨域攜手才能共鳴、互動、共好。秉持此原則，我們搭起這座橋，朝向 2050 的淨零目標邁進。

第五章的內容，從 EST 的醞釀、產生、簽約合作到環境教育初階志工、進階志工的培訓課程，自然形塑成一棵永續發展的樹；樹上滿滿的花朵象徵 EST 三方能量土地滋養出來的第一期學員。人力的培訓是不可忽視的傳承，學員來自四面八方，社會各個階層；透過學習融入他們自己的信念和行動，去守護自己的家園。

從志工生活模式的行動實踐，可以看出 EST 的培訓課程不是口號式的成長，而是學員因為真心感動，所產生對 NEED 新世代環境教育的共鳴。我們只是幫他們串連起一個福地，鏈結出一個齊心愛地球的力量，找到推動環境教育共構的創意與解方。

　　每一期的環境教育培訓課程結業典禮上，頒發結業證書時，學員分享的肺腑之言，讓我們發現：推動環境教育永續發展，不是機關、學校和社企的責任而已；而是每個人的生活態度，也是每個人都願意去落實實踐的理念和作為。

　　其實在社會的不同角落裡，有很多人都願意加入這個綠色生活的行列。借力使力，力量加乘！如果有更多的「EST」跨域合作單位產生，結合更多的個人和團體能量，這個跨域合作的字母會拉得更長，那也是我們期盼的創發更多的地方解方。

　　大家一起「從搖籃到搖籃」重建消費與生活型態，守護家園的力量就會變得更大！所以，高雄「EST」是一棵大樹，也是一顆種子，「種子的奇蹟」是我們「EST」加乘、加持、平方變立方，立方再立方。因為愛與善的循環，種子變成樹，再孕育出更多的種子、更多的幼苗。更多的幼苗又長成更多的樹，「循環經濟、淨零排放」不是夢，為了留給孩子一個乾淨的地球，讓我們攜手共進，共創三贏。

環境教育合作意向書

2022/04/22 合作意向書封面、內容

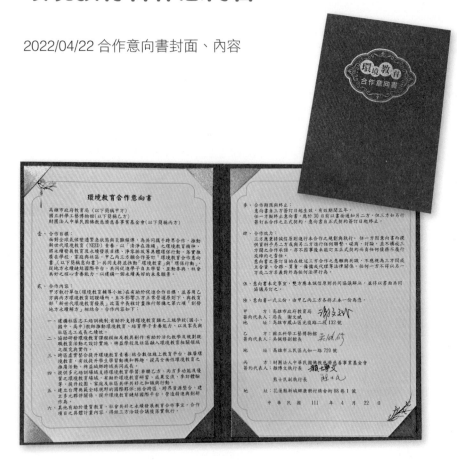

2022 高雄市 EST 環境教育志工培訓計畫

說明：EST 為以下三單位的代表字集合

Kaohsiung City Government Education Bureau（高雄市政府教育局）

National Science And Technology Museum.（國立科學工藝博物館）

Tzu Chi Foundation（慈濟基金會）

一、計畫目標：

高雄市教育局、國立科學工藝博物館與慈濟基金會，為擴大環境教育影響力，跨界、跨域合作，結合三方共構、達成永續發展的未來願景，共同辦理環境教育志工培訓計畫（以下統稱 EST 環境教育志工），藉以提升高雄市校園愛心媽媽和社區志工環境教育素養和行動，並配合教育部「新世代環境教育發展」學習策略，期待以「清淨在源頭」環境教育精神，將永續發展教育、淨零排放、蔬食救地球等具體環保行動，落實推廣在學校、家庭與社區。

二、計畫依據：

依據 2022 年 4 月 22 日高雄市教育局、國立科學工藝博物館與慈濟金基會三方共同簽訂的「環境教育合作意向書」第貳項合作內容：第一項辦理。

三、辦理單位：

（一）指導單位：高雄市教育局

（二）主辦單位：慈濟基金會、國立科學工藝博物館、高雄市環境教育輔導小組

（三）協辦單位：大愛感恩科技公司等相關機構

四、參加對象：

（一）本市環教輔導小組三級學校的志工團隊。

（二）國立科學工藝博物館、慈濟基金會環境教育推動志工。

五、志工服務內容：

（一）協助高雄市各校以及社區等單位進行環境教育政策宣導及導覽解說。

（二）協助高雄市各校辦理環境教育成果展示活動、實踐環境教育行動策略相關工作。

六、課程規劃原則：

（一）素養概念導向：建立環境保護素養，提升地球危機概念。

（二）生態探索導向：親近自然多樣生態，瞭解台灣環境變遷。

（三）生活實踐導向：落實個人減碳生活，實踐循環經濟行動。

（四）解決問題導向：關心氣候變遷問題，著力永續環境發展。

七、課程內容目標：

（一）依據 2015 年教育部新課綱環境教育的內涵，計有環境倫理、永續發展、氣候變遷、災害防救與能源資源永續利用等五大主題。

（二）初階和進階課程內容安排，分別由環境教育輔導小組、科工館、慈濟基金會等三方共同承擔，培訓時數以 EST 三方各 9 小時課程為安排原則。

（三）課程內容規劃以快樂學習為原則，逐步邁向環保署環教人員認證。

(四) EST 環境教育志工知能研習內涵：

初階課程	進階課程	高階課程
1. 認識 EST 三方環境教育場域內涵 2. 完成理論實體解說模擬課程 3. 每梯次 3 小時，共計 27 小時，EST 三方各 9 小時課程	1. 熟悉 EST 三方環境教育場域內涵 2. 完成教具操作及設計課程 3. 每梯次 3 小時，共計 27 小時，EST 三方各 9 小時課程 4. PaGamO 闖關	1. 能夠導覽解說 EST 三方環境教育場域內涵 2. 完成理論線上／實體課程 3. 每梯次 3 小時，共計 27 小時，EST 三方各 9 小時課程

備註：
1. 參加初階、進階志工培訓的學員，請自行和 EST 三方約定時間、地點，完成服務學習 12 小時（EST 三方各服務學習 4 小時）。
2. 初階、進階和高階課程，每一期必須各安排一次戶外踏查課程。

八、培訓期程規劃：

（一）111 學年度第一學期 9 月份開始，先開設初階培訓課程、再開設進階培訓課程，考量環境教育學習和生活行動實踐結合，採循序漸進培訓機制。

（二）考量志工媽媽接送小孩之辛苦，一學期 20 週計算，隔週安排一次半天課程，半天 3 小時，九週共計 27 小時課程；培訓課程採時數認證。

（三）完成 27 小時初階課程，發給初階環境教育初階證書，得以報名參加進階課程。進階課程必須完成 27 小時進階課程之後，始發給進階環境教育證書，得以報名參加高階課程培訓。

（四）環境教育相關主題式參訪活動，以鼓勵參加方式，可列入 27 小時課程外加學習時數。

九、培訓地點：

（一）高雄靜思堂

（二）國立科學工藝博物館

（三）高雄市各級學校環教中心

十、建立 EST 環境教育志工培訓支持系統

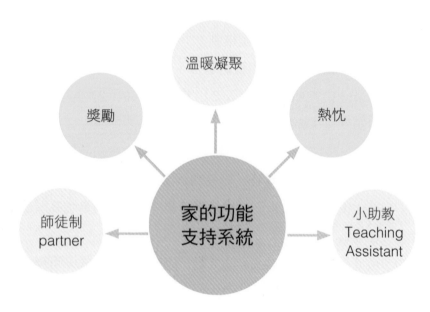

（一）初階報名人數以 80 名學員為限，以 10 人分為一組，每一
　　　組另外招募具有服務熱忱的一位「EST 小助教」，一期招
　　　募 10~12 位「EST 小助教」。

（二）EST 小助教的主要工作內容：

1. 每次上課前「溫馨提醒」上課囉！（藉此保溫學員上課的情感溫度、意願和降低缺席率）

2. 每次上課後，協助「溫馨關懷」學員的學習感受，或是收集小組成員對於課程或相關安排的建議，讓學員感受到 EST 三方的體貼和重視。（藉此提升學員的學習效益和培訓課程的運作品質）

（三） EST 小助教制度的好處：

1. 協助三方主辦單位對於學員學習的情況，能有更接地氣的了解。

2. 結合第一期 EST 小助教的楷模學習，第二期開始，就可以從已經完成環教志工培訓的領證學員中進行小助教的招募。

3. 隨著未來 EST 小助教的成員越來越多，EST 小助教就是整個環教志工培訓制度的主力志工團隊，也是進階和高階課程的優先人選，更是回任初階培訓的種子講師。

4. 每一期除了頒發給學員結業證書之外，還要頒發感謝狀給 EST 小助教，增進 EST 小助教的榮譽感。

十一、建立 EST 跨域合作與資源共享目標：

（一）實踐永續生活

（二）與自然共生共好

（三）樹立典範

（四）綠動未來

十二、報名方式：

（一）報名表如附件

（二）報名對象及梯次

    1. 報名對象以三方合作的志工為主。

    2. 初階梯次以 80 位名額為限，依教室空間和報名人數得以調整人數。

    3. 相同課程不能重複報名。

（三）配合防疫，疫情期間不提供點心，只提供午膳蔬食，自備水杯與餐具。

（四）交通自理，請大家注意上下課安全。

十三、預期成效：

（一）培訓之環境教育志工能主動參與高雄市各項環境教育活動。

（二）培訓之環境教育志工能自主學習且歡喜參與三方服務學習。

（三）促進志工和家長永續生活的實踐力與自然共生共好的行動。

十四、附則：

凡參加培訓之志工缺席或請假時數超過課程六分之一以上者，不予核發環境教育志工培訓證書，各階段均同。上述計畫內容得經三方同意調整之。

2022 年
EST 環境教育志工初階培訓課程表

序號	課程主題	課程名稱	授課師資	上課地點	授課時間	時數
		始業式 - 相見歡	EST 三方長官來賓致詞	高雄靜思堂	9 月 13 日 9:00-9:30	0.5
一	環境倫理	1. 我想要認識的環境教育與永續發展 2. 我如何融入環境教育當一位快樂志工 3. EST 志工我的角色定位	呂淑屏校長陳哲霖師兄李蕙妙師姊	高雄靜思堂	9 月 13 日 9:30-12:00	2.5
二	氣候變遷	1. 愛地球你我他 2. 暖化下的危機 3. 氣候變遷館導覽	環境教育導覽團隊李蕙妙師姊	高雄靜思堂	9 月 27 日 9:00-12:00	3

序號	課程主題	課程名稱	授課師資	上課地點	授課時間	時數
三	循環經濟	1. 慈悲科技館導覽 2. 大愛感恩科技 3. 蔬食的力量 4. 蔬食料理 DIY 5. 最愛家鄉味	環境教育導覽團隊 黃美樺營養師 簡麗香師姊 彭子芳師姊	高雄靜思堂	10 月 11 日 9:00-12:00	3
四	低碳生活	1. 環保實作 2. 低碳生活館導覽 3. 減碳達人	環境教育導覽團隊 陳清雲師姊 環保志工團隊	高雄靜思堂	10 月 25 日 9:00-12:00	3
五	災害防救	1. 莫拉克風災紀念館 2. 地震防災	高雄科工館	高雄科工館	11 月 8 日 9:00-12:00	3
六	水土保持	1. 愛水尖兵 2. 台灣農業故事	高雄科工館	高雄科工館	11 月 22 日 9:00-12:00	3
七	氣候行動	1. 節能減碳樂活節能屋 2. 氣候變遷行動愛地球	高雄科工館	高雄科工館	12 月 6 日 9:00-12:00	3

序號	課程主題	課程名稱	授課師資	上課地點	授課時間	時數
八	能源教育	1. 能源車的原理介紹 2.EST 志工製作能源車教具 3. 陽明國小的能源教育	邱貴湘老師 黃瓊儀老師 董中驥主任	陽明國小	12 月 20 日 9:00-12:00	3
九	永續利用	1. 恩同再皂 2. 綠環館•綠生活	許素燕主任 廖文綺會長	陽明國小	1 月 3 日 9:00-12:00	3
	感恩尊重愛	結業式與地球共生共好	慈濟基金會	高雄靜思堂	1 月 17 日 9:00-10:30	1.5

EST 環境教育第一期
初階志工培訓課程招生海報

EST 環境教育第一期
初階志工培訓課程結業證書

美編／林淑娥、林道鳴

文字／彭子芳

EST環境教育第一期初階志工培訓課程
結業證書

先生（女士）高市教資字第11230154800號

恭喜您完成高雄市政府教育局(E)、國立科學工藝博物館(S)和慈濟基金會(T)
三方合辦EST環境教育第一期初階志工培訓課程

111年9月13日至112年1月3日（共27小時）

大地之母孕育萬物　　地球毀傷天地告急
環教志工齊心合力　　守護地球共創永續

高雄市政府教育局 局長　　國立科學工藝博物館 館長　　慈濟基金會 執行長

謝文斌　　　李秀鳳　　　顏博文

中華民國　　年　　月　　日

2023 年
EST 環境教育志工進階培訓課程表

序號	課程主題	課程名稱	授課師資	上課地點	授課時間	時數
		始業式 - 相見歡	EST 三方長官來賓致詞	高雄科工館	3 月 28 日 9:00-9:30	0.5
一	水保防災	導覽技巧與表達能力 - 希望・未來莫拉克風災紀念館	黃惠婷助理研究員	高雄科工館	3 月 28 日 9:30-12:00	2.5
二	水土保持	1. 小組展廳導覽演練交流 2. 專題講座：水土保持	水保局黃國峰博士	高雄科工館	4 月 11 日 9:00-12:00	3
三	成果驗收	展示廳導覽成果驗收 - 各學員導覽展示廳	科工館團隊	高雄科工館	4 月 25 日 9:00-12:00	3

序號	課程主題	課程名稱	授課師資	上課地點	授課時間	時數
四	淨零與永續	攜手共創永續美好未來（教案及教具設計分享）	陳哲霖師兄	高雄靜思堂	5月9日 9:00-12:00	3
五	循環經濟	當慈悲遇見科技	大愛感恩科技團隊	高雄靜思堂	5月23日 9:00-12:00	3
六	成果驗收	靜思堂展館 - 各學員導覽解說	靜思堂環教導覽解說團隊	高雄靜思堂	6月6日 9:00-12:00	3
		結業式 成果發表 與地球共生息		高雄靜思堂	6月13日 9:00-10:30	1.5

EST 環境教育第一期
進階志工培訓課程結業證書 & 感謝狀

美編／林淑娥、林道鳴
文字／彭子芳、丁雪玉

EST環境教育第一期進階志工培訓課程

結業證書

君　　高市教資字第11230154800號

恭喜您完成高雄市政府教育局(E)、國立科學工藝博物館(S)和慈濟基金會(T)
三方合辦EST環境教育第一期進階志工培訓課程

112年03月28日至112年06月06日(共18小時)

氣候變遷災頻傳　環教種子勤精進
用心導覽環保愛　永續地球綠行動

高雄市政府教育局 局長　　國立科學工藝博物館 館長　　慈濟基金會 執行長

中華民國　　年　　月　　日

EST 環境教育第一期進階志工培訓課程

感 謝 狀

感恩 慈濟志工　　　　　師姊

於EST環境教育進階志工培訓課程中，承擔行政助教，
全程陪伴學員，貢獻智識良能，協助講師與學員順利
圓滿。
自民國112年03月28日至112年06月06日，共18小時的
課程；共同推動環境教育，落實環保行動。
為表誠摯的感恩，特頒此狀，以資感謝。

高雄市政府教育局局長　國立科學工藝博物館館長　慈濟基金會執行長
謝文誠　　　　　李秀鳳　　　　　顏博文

中華民國 一一二年 六月 十三日

環境教育第一期進階志工培訓課程

感 謝 狀

慈濟志工　　　　　師姊

進階志工培訓課程中，承擔小助教，
，貢獻智識良能，協助講師與學員順利

自民國112年03月28日至112年06月06日，共18小時的
課程，共同推動環境教育，落實環保行動。
為表誠摯的感恩，特頒此狀，以資感謝。

高雄市政府教育局局長　國立科學工藝博物館館長　慈濟基金會執行長
謝文誠　　　　　李秀鳳　　　　　顏博文

中華民國一一二年 六月 十三日

324

2023 EST 環境教育第二期
初階志工培訓課程招生海報

2023 年 EST 環境教育第二期初階志工培訓課程表

序號	課程主題	課程名稱	授課師資	上課地點	授課時間	時數
		始業式 - 相見歡	EST 三方長官來賓致詞	高雄靜思堂	9 月 19 日 9:00-9:30	0.5
一	環境倫理	愛自然的哲學觀 - 談環境倫理	許毅璿教授	高雄靜思堂	9 月 19 日 9:30-12:00	2.5
二	氣候變遷	氣候時鐘下的省思 - 靜思堂展館	靜思堂環教解說組	高雄靜思堂	10 月 03 日 9:00-12:00	3
三	循環經濟	1. 環保實作 2. 永續 從心出發	環保教育站解說組李鼎銘師兄 & 大愛感恩科技團隊	高雄靜思堂	10 月 17 日 9:00-12:00	3
四	低碳生活	實踐淨零綠生活	陳哲霖師兄	高雄靜思堂	10 月 31 日 9:00-12:00	3

序號	課程主題	課程名稱	授課師資	上課地點	授課時間	時數
五	綠色生活	1. 健康與食物的科學 2. 土石流認識	高雄科工館團隊	高雄科工館	11 月 14 日 9:00-12:00	3
六	災害防救	1. 地震防災 2. 愛水尖兵	高雄科工館團隊	高雄科工館	11 月 28 日 9:00-12:00	3
七	氣候行動	1. 莫拉克風災紀念館 2. 氣候變遷行動愛地球	高雄科工館團隊	高雄科工館	12 月 12 日 9:00-12:00	3
八	能源教育	氣候異象檢視與能源作為	呂黎光教授	陽明國小	12 月 26 日 9:00-12:00	3
九	永續發展	永續發展＆地球解方	許美芳教授	陽明國小	1 月 9 日 9:00-12:00	3
	感恩尊重愛	結業式 投資我們的星球	高雄 EST 團隊	高雄靜思堂	1 月 16 日 9:00-10:30	1.5

EST 環境教育第二期初階志工培訓課程結業證書 & 感謝狀

美編／林淑娥、林道鳴

文字／彭子芳、丁雪玉

EST環境教育第二期初階志工培訓課程
結業證書

君　113年高市教資字第11330309600號

恭喜您完成高雄市政府教育局(E)、國立科學工藝博物館(S)和慈濟基金會(T)
三方合辦EST環境教育第二期初階志工培訓課程

112年9月19日至113年1月9日（共27小時）

大地造物慈母心　跨域合作環保心
環教志工齊用心　守護地球永續心

高雄市政府教育局 局長　國立科學工藝博物館 館長　慈濟基金會 執行長

謝文斌　李秀鳳　顏博文

中華民國　113　年　1　月　16　日

EST 環境教育第二期初階志工培訓課程

感謝狀

感恩　慈濟志工　　　　　　師姊

EST環境教育第二期初階志工培訓課程，
承擔行政助教，全程陪伴學員，貢獻智識良能，
協助講師與學員順利圓滿。
自民國112年09月19日至113年01月09日，
共27小時的課程；並且協助學員完成12小時的服務
學習時數，共同推動環境教育，落實環保行動。
為表誠摯的感恩，特頒此狀，以資感謝。

高雄市政府教育局局長　　國立科學工藝博物館館長　　慈濟基金會執行長
謝文誠　　　　　　　李秀鳳　　　　　　顏博文

中華民國 一一三 年 一 月 十六 日

環境教育第二期初階志工培訓課程

感謝狀

感恩　　　　　　君

育第二期初階志工培訓課程，承擔小助教，
　　　　貢獻智識良能，協助講師與學員順利圓

自民國112年09月19日至113年01月09日，共27小時的
課程，並且協助學員完成12小時的服務學習時數，
共同推動環境教育，落實環保行動。為表誠摯的感恩，
特頒此狀，以資感謝。

高雄市政府教育局局長　　國立科學工藝博物館館長　　慈濟基金會執行長
謝文誠　　　　　　　李秀鳳　　　　　　顏博文

中華民國 一一三 年 一 月 十六 日

種子的奇蹟：EST 跨域合作 環境教育的解方

指　　　　導／謝文斌（高雄市政府教育局局長）、李秀鳳（國立科學工藝博物館館長）、顏博文（慈濟慈善基金會執行長）
總 策 畫／呂淑屏（陽明國小退休校長、現任教育局榮譽督學）
策　　　　畫／黃藍儀（高雄市政府教育局）、黃意華（仁武國小校長、高雄市環境教育輔導小組召集人）、張簡智挺（國立科學工藝博物館主任）、王兩全（國立科學工藝博物館主任）、王運敬（慈濟慈善基金會主任）、柳宗言（慈濟慈善基金會高專）
作　　　者／EST 編輯團隊
作 者 名 錄／（依姓氏筆劃排序）丁雪玉、王國村、王運敬、方曉嵐、呂淑屏、余惠琴、吳岳玲、吳慶泰、于倩懿、李美金、李秋月、李淑惠、李淑霞、李秀鳳、林維毅、邱碧霞、邱國氣、侯秀霖、柳宗言、徐采薇、張絮評、張淑娟、許麗美、許毅璿、陳嬿如、崔艷、陳哲霖、陳南勝、黃藍儀、黃意華、彭子芳、楊憶婷、楊傑安、楊愉粧、葛子祥、董中驥、葉欣誠、廖麗琴、歐嬌慧、劉佳儒、劉佳雯、蔡進元、鄭麗玲、謝文斌、蕭德仁、顏博文、蘇芳儀
執 行 編 輯／彭子芳
責 任 編 輯／吳永佳
協 力 編 輯／慈濟慈善基金會文史處、王彥嵓、林清雄、楊慧盈、余沁嶺、吳晶琳、林桓佑
校 對 潤 稿／丁雪玉、李秋月、吳世民
美 術 設 計／申朗創意
企畫選書人／賈俊國

總 編 輯／賈俊國
副 總 編 輯／蘇士尹
編　　　輯／黃欣
行 銷 企 畫／張莉滎、蕭羽猜、溫于閎

發 行 人／何飛鵬
法 律 顧 問／元禾法律事務所王子文律師
出　　　版／布克文化出版事業部
　　　　　　115 台北市南港區昆陽街 16 號 4 樓
　　　　　　電話：(02)2500-7008 傳真：(02)2500-7579
　　　　　　Email：sbooker.service@cite.com.tw
發　　　行／英屬蓋曼群島商家庭傳媒股份有限公司城邦分公司
　　　　　　115 台北市南港區昆陽街 16 號 5 樓
　　　　　　書虫客服服務專線：(02)2500-7718；2500-7719
　　　　　　24 小時傳真專線：(02)2500-1990；2500-1991
　　　　　　劃撥帳號：19863813；戶名：書虫股份有限公司
　　　　　　讀者服務信箱：service@readingclub.com.tw
香港發行所／城邦（香港）出版集團有限公司
　　　　　　香港九龍土瓜灣土瓜灣道 86 號順聯工業大廈 6 樓 A 室
　　　　　　電話：+852-2508-6231　　傳真：+852-2578-9337
　　　　　　Email：hkcite@biznetvigator.com
馬新發行所／城邦（馬新）出版集團 Cité (M) Sdn. Bhd.
　　　　　　41, Jalan Radin Anum, Bandar Baru Sri Petaling,
　　　　　　57000 Kuala Lumpur, Malaysia
　　　　　　電話：+603- 9056-3833　　傳真：+603- 9057-6622
　　　　　　Email：services@cite.my
印　　　刷／卡樂彩色製版印刷有限公司
初　　　版／2024 年 4 月
定　　　價／450 元
I S B N／978-626-7431-43-6
E I S B N／978-626-7431-42-9（EPUB）

城邦讀書花園　布克文化
www.cite.com.tw　www.sbooker.com.tw